碳市场透视（2021）

框架、进展及趋势

中节能碳达峰碳中和研究院◎主编

图书在版编目（CIP）数据

碳市场透视. 2021：框架、进展及趋势 / 中节能碳达峰碳中和研究院主编. — 北京：企业管理出版社，2022.8

ISBN 978-7-5164-2607-4

Ⅰ. ①碳…　Ⅱ. ①中…　Ⅲ. ①二氧化碳 - 排气 - 市场 - 研究 - 世界　Ⅳ. ①X511

中国版本图书馆CIP数据核字(2022)第065934号

书　　名: 碳市场透视（2021）：框架、进展及趋势

书　　号: ISBN 978-7-5164-2607-4

作　　者: 中节能碳达峰碳中和研究院

策　　划: 蒋舒娟

责任编辑: 蒋舒娟

出版发行: 企业管理出版社

经　　销: 新华书店

地　　址: 北京市海淀区紫竹院南路 17 号　　**邮　　编:** 100048

网　　址: http://www.emph.cn　　**电子信箱:** 26814134@qq.com

电　　话: 编辑部（010）68701661　发行部（010）68701816

印　　刷: 北京虎彩文化传播有限公司

版　　次: 2022 年 8 月 第 1 版

印　　次: 2022 年 8 月 第 1 次印刷

开　　本: 787 毫米 × 1092 毫米　1/16

印　　张: 14.5 印张

字　　数: 152 千字

定　　价: 88.00 元

编委会

序

2021年8月9日，政府间气候变化专门委员会（IPCC）发布了第六次评估报告的第一工作组报告《气候变化2021：自然科学基础》。报告指出，“人类活动的影响使大气、海洋、冰冻圈和生物圈发生了广泛而迅速的变化”“目前全球地表平均温度较工业化前高出约1℃。从未来20年的平均温度变化预估来看，全球温升预计将达到或超过1.5℃。在考虑所有排放情景下，至少到本世纪中叶，全球地表温度将继续升高。除非在未来几十年内大幅减少二氧化碳和其他温室气体排放，否则21世纪升温将超过1.5℃甚至2℃”。IPCC多年的研究充分证明了采取气候行动的紧迫性。充足的资金、技术转让、政治承诺和伙伴关系，将更有效地应对气候变化、减缓排放。

尽管新冠肺炎疫情初期给全球应对气候变化行动带来一定冲击，但后疫情时代全球价值链的重构也为绿色复苏创造了新机遇。近年来，国家、地区、企业、机构纷纷开始加紧应对气候变化行动，将碳中和作为发展的战略目标，并将碳交易作为实现目标的重要手段之一。我们欣喜地看到，越来越多的参与者加入到碳市场当中，碳市场市值正在迅速扩大——2021年全球主要强制碳排放交易市场成交额达7592亿欧元（约5.40万亿元人民币），自愿碳市场成交额也首次突破10亿美元，均实现同比翻倍以上增长。在地方碳试点运行的基础上，全国碳市场于2021年1月1日正式启动第一个履约周期，并于同年7月16日启动上线交易，初期仅纳入发电行业，便已成为世界上覆盖碳排放量最大的碳市场。截至2021年年底，全国碳市场第一个履约周期累计成交量约1.79亿吨，成交额达76.61亿元。随着未来全国碳市场逐步扩大覆盖范围至石化、化工、建材、钢铁等八大行业，交易产品和交易方式进一步丰富，碳市场在碳减排、技术发展与投融资等方面的作用将逐步凸显。但我们也要看到，与欧盟碳市场等成熟碳市场相比，我国碳市场起步较晚，目前尚处于初级阶段，各方面能力亟待加强。从外部环境来看，国际碳市场、碳关税等也对我国特别是有关行业企业的碳资产管理、国际合作与协调能力等提出新的挑战。

在此背景下，帮助社会各界认识碳市场具有重要意义。深耕于节能减排、环境保护和应对气候变化领域的中央企业——中国节能环保集团有限公司旗下的中节能碳达峰碳中和研究院发挥专业优势，基于长期跟踪研究碳市场建设的深厚积累，编制形成了《碳市场透视（2021）：框架、进展及趋势》。该书系统介绍了什么是碳市场，碳市场由哪些关键要素构成，全球碳市场发展历程与现状，我国碳市场发展历程与现状，并对我国碳市场未来发展进行展望。本书条理清晰、内容丰富、数据翔实、观点鲜明，是一本非常实用的专业图书。相信本书的出版，可以为关心碳市场的读者们提供参考。

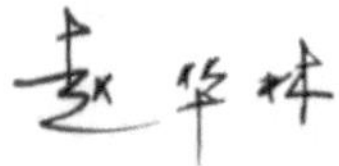

国务院国资委国有重点大型企业监事会原主席

2022年7月25日

前 言

2020年新冠肺炎疫情肆虐全球，至今全球疫情形势依然严峻复杂。与此同时，2021年全球平均温度比工业化前（1850—1900年）水平高出1.11℃，且最暖的七个年份都出现在2015年以后，其中2016年、2019年和2020年位列前三，极端天气等气候变化问题在全球范围内引起高度关注，实现绿色低碳的经济复苏逐渐成为国际共识。能源与气候智库（ECIU）统计，截至2021年年底，已经有136个国家做出净零排放承诺，覆盖全球约88%的碳排放、90%的GDP以及85%的人口；在其统计的2000个全球大型企业中已经有682家提出净零排放目标。在此背景下，碳排放权交易作为国际公认的气候战略重要机制之一，在全球范围内受到广泛关注，各界也对碳市场发挥的作用予以厚望。世界银行统计，截至2021年，全球共有29个强制碳排放交易市场运行，覆盖全球超16%的碳排放。同时，至2021年全球有超过30个碳信用机制运行。2021年，国际民航组织（ICAO）还启动了首个世界级行业强制碳减排市场——国际航空碳抵销和减排计划

（CORSIA）。2021年11月结束的格拉斯哥气候大会（COP26）也已就《巴黎协定》第六条实施细则达成初步框架，确保为后《京都议定书》时代全球实现“确保将较工业化前水平的温升控制在2摄氏度以内，并努力控制在1.5摄氏度以内”的应对气候变化目标提供新的市场机制。

从《京都议定书》的积极参与者、追随者到《巴黎协定》的积极推动者、引领者，我国在全球应对气候变化中的角色发生了鲜明转变，这一转变在我国碳市场实践中也可见一斑。从21世纪初作为东道国开发清洁发展机制（CDM）项目单边参与国际碳市场，到2011年起逐步在国内开展八个试点碳市场建设与中国温室气体自愿减排交易机制建设工作，再到2021年1月1日正式启动全国碳市场第一个履约周期并于同年7月16日启动上线交易，我国对碳市场的探索实践已走过20年，积累了丰富的实践经验。2020年9月22日，在第七十五届联合国大会一般性辩论上，习近平主席向世界郑重宣布，“中国将提高国家自主贡献力度，采取更加有力的政策和措施，二氧化碳排放力争于2030年前达到峰值，努力争取2060年前实现碳中和”。全国碳市场是利用市场机制控制和减少温室气体排放、推动绿色低碳发展的重大制度创新，也是落实我国二氧化碳排放达峰目标与碳中和愿景的重要抓手。2021年10月24日，中共中央、国务院发布《关于完整准确全面贯彻新发展理念做好碳达峰碳中和工作的意见》，明确提出“依托公共资源交易平台，加快建设完善全国碳排放权交易市场，逐步扩大市场覆盖范围，丰富交易品种和交易方式，完善配额分配管理”。在此背景下，政府、企业、金融机构等相关方纷纷将目光投向碳市场，希望加强相应能力，抓住碳市场带来的新机遇并做好风险识别与应对。但由于碳市场专业性较强，且经过多年的发展，碳市场的理念与实践也在不断丰富、深化，对碳市场缺少了解的人士常常难以理解相关信息，更无从下手。

因此，中节能碳达峰碳中和研究院基于对碳市场长期的研究与实践，编制形成本书，旨在通过系统搭建碳市场基础理论框架、梳理分析全球碳市场与国内碳市场2021年的最新进展并对我国碳市场未来发展进行展望，为各相关方了解、参与碳市场提供参考。

编者尽最大努力精心研究编制本书，但碳市场知识体系庞大，有关内容日新月异，且编者知识水平有限，书中难免有不妥之处，敬请广大读者批评指正。

编者

2022年4月29日

目 录

第一部分 基础研究

第二部分 全球碳市场

第三部分 我国碳市场

第一部分

基础研究

第一章 碳市场的基本概念

一、碳市场的定义

碳排放权交易（简称碳交易），顾名思义，是一种将温室气体[1]排放权作为商品进行交易，通过市场化的手段帮助减排成本较高的排放主体以较低成本实现减排目标，同时促进减碳技术的推广、应用、发展的碳定价机制[2]。碳交易的原理建立在科斯定理基础上，边际减排成本的差异是开展交易的动因。在理想状态下，碳价等于社会边际减排成本，当社会总减排成本达到最低值时，就实现了社会福利最大化。碳交易形成的市场，即碳市场。碳排放权交易基本原理示意如图1-1所示。

---

[1] 目前《联合国气候变化框架公约》管控了7种温室气体，包括：二氧化碳（CO_2）、甲烷（CH_4）、氧化亚氮（N_2O）、氢氟碳化物（HFCs）、全氟化碳（PFCs）、六氟化硫（SF_6）、三氟化氮（NF_3）。由于目前人为温室气体排放的绝大部分是二氧化碳，因此广义上通常使用“碳”指代温室气体。

[2] 碳定价机制，即为碳排放予以定价的机制，包含显性碳定价机制和隐性碳定价机制两类。其中，显性碳定价机制是对温室气体排放量（通常以一吨二氧化碳当量为基本单元）给予明确定价的机制，主要包括碳税、碳排放权交易、基于结果的气候金融和内部碳定价等。隐性碳定价机制，虽然没有明确碳价，但因政策措施对应一定的经济付出，因此隐含相应的碳价格，如我国对净零碳排放建筑的激励政策、淘汰煤电落后产能等。另外，如无特别说明，本书中“吨”指“吨二氧化碳当量（吨CO_2e）”。

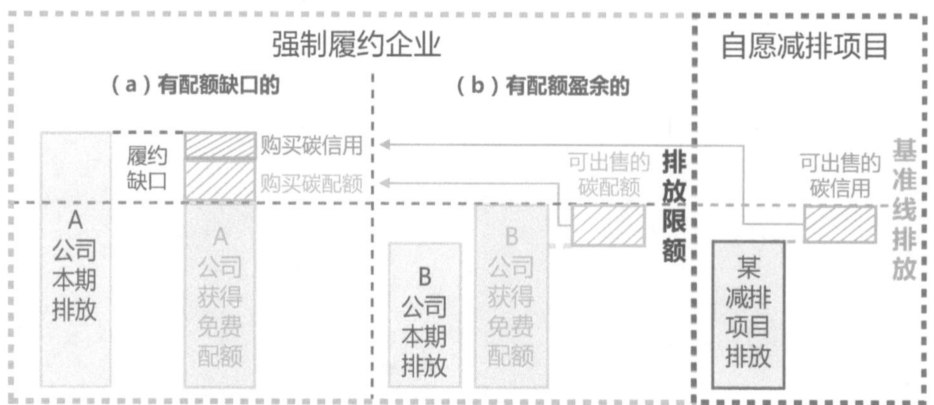

图1-1　碳排放权交易基本原理示意

温室气体排放权（即碳排放权），指在不损害其他公众环境权益的前提下，由管理机构将温室气体排放作为一种产权赋予相关主体，简言之，即为区域或企业允许排放温室气体的权利。广义上，碳排放权包括碳排放配额与碳减排信用，分别是由政府设定、分配的碳排放额度及自愿开展减排项目后相较项目基准情景降低排放产生的经管理机构核证的减排量；狭义上，碳排放权仅指碳排放配额，我国《碳排放权交易管理办法（试行）》（自2021年2月1日起施行）对碳排放权的定义便采用狭义的概念。

二、碳市场的主客体

碳市场的主体主要包括政府等管理机构、履约企业、减排项目业主以及其他参与交易的企业、投资机构、个人等。其中，政府不仅是碳市场的设计者、管理者、监督者，必要时还会直接参与交易。除此之外，碳市场的利益相关方还包括第三方中介、第四方平台等市场媒介，以及上下游企业、其他碳市场体系、贸易伙伴国、非政府组织（NGO）、研究人员、公众、媒体等。碳市场的利益相关方如表1-1所示。

表1-1 碳市场的利益相关方

利益相关方		主要类型	释义
主体	政府等管理机构	政府、碳信用管理机构（政府或独立机构等）	主要负责碳市场设计、管理、监督等
	企业、投资机构等参与交易者	履约/控排/纳管企业	承担强制履约目标的重点排放企业
		减排项目业主	开发自愿减排项目的企业
		其他参与交易的企业、机构或个人	以投资或履行自愿减排目标为主要目的参与碳交易
市场媒介	第三方中介	监测与核证机构	维护市场交易的有效性
		其他（如咨询公司、评估公司、会计师事务所及律师事务所）	提供咨询服务、碳资产评估、碳交易相关审计
	第四方平台	注册登记平台	对碳配额、碳信用进行注册登记，主要为规范市场交易活动并便于监管
		交易平台	交易信息的汇集与发布平台，主要用于降低交易风险与交易成本，发挥价格发现作用，增强市场流动性
其他利益相关方	上下游受到影响但未被直接纳入履约范畴的公司、机构	如供应链上下游企业、行业协会等	碳市场带来的减排压力会传导至供应链上下游，并进而推动其行为方式的变化
	其他碳市场体系	—	共享知识经验，并存在连接的可能性
	贸易伙伴国	—	影响带动其树立相应减排目标，或通过碳市场相关措施对国际贸易产生影响（如碳关税）
	NGO、研究人员、公众、媒体	—	对碳市场建设进行监督、推动等

资料来源：绿金委碳金融工作组《中国碳金融市场研究》，市场准备伙伴计划（PMR）和国际碳行动伙伴组织（ICAP）《碳排放交易实践手册：碳市场的设计与实施》等，中节能碳达峰碳中和研究院。

碳市场的客体，即碳交易标的和交易产品，主要包括碳排放配额与碳减排信用等基础资产，以及在此基础上延伸产生的金融产品。具体内容如表1-2所示。

表1-2　碳市场的客体

类型		释义	举例
基础资产	碳排放配额	简称碳配额，由政府制定、分配的碳排放权额度	对政府而言，是对应减排任务设定的碳排放总量控制目标；对企业而言，是允许其排放的排放权数量
	碳减排信用	简称碳信用，是企业（一般是非强制履约企业，强制履约企业需要进一步明确边界范围与计算方法）或个人自愿开展减排项目，相较项目运行的基准情景降低排放产生的经管理机构核证的减排量	清洁发展机制（CDM）产生的核证减排量（CERs）、中国温室气体自愿减排交易机制产生的核证自愿减排量（CCERs）等
金融产品注	交易工具	通过多样化的交易方式，帮助交易者有效管理碳资产，提高市场流动性、对冲风险、套期保值等	碳期货、碳远期、碳掉期、碳期权、碳借贷等
	融资工具	以碳资产为标的进行各类资金融通，为碳资产创造估值和变现的途径，帮助企业拓宽融资渠道	碳资产抵质押、碳资产回购、碳资产托管、碳金融结构性存款、碳信托、碳债券、碳资产租赁等
	支持工具	为碳资产的开发管理和市场交易等活动提供量化服务、风险管理及产品开发，为各方了解市场趋势提供风向标，同时为管理碳资产提供风险管理工具和市场增信手段	碳指数、碳保险、碳基金等

注：金融产品的具体概念详见附录一。

资料来源：《碳金融产品》（JR/T 0244—2022），绿金委碳金融工作组《中国碳金融市场研究》等，中节能碳达峰碳中和研究院。

三、碳市场的分类

（一）碳市场的类型

根据建立的基础（强制、自愿）和交易产品的类型（碳配额、碳信用），目前运行的碳市场可划分为三大类型——强制碳排放交易市场（ETS [1]）、强制碳抵销市场（BaO）以及自愿碳市场（VCM）。碳市场类型解析如图1-2所示。

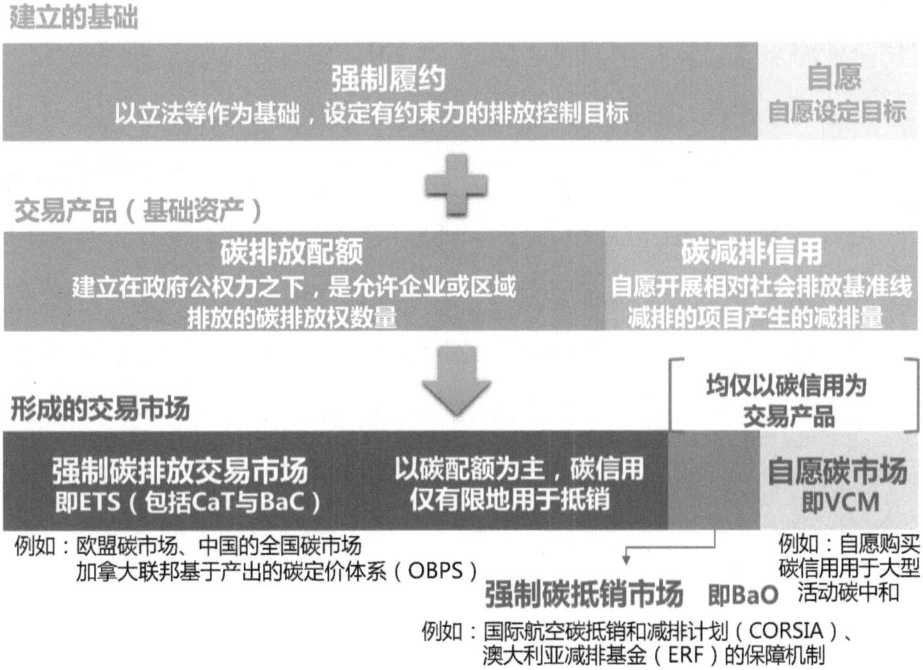

建立的基础

强制履约
以立法等作为基础，设定有约束力的排放控制目标

自愿
自愿设定目标

交易产品（基础资产）

碳排放配额
建立在政府公权力之下，是允许企业或区域排放的碳排放权数量

碳减排信用
自愿开展相对社会排放基准线减排的项目产生的减排量

形成的交易市场

均仅以碳信用为交易产品

强制碳排放交易市场
即ETS（包括CaT与BaC）

以碳配额为主，碳信用仅有限地用于抵销

自愿碳市场
即VCM

例如：欧盟碳市场、中国的全国碳市场
加拿大联邦基于产出的碳定价体系（OBPS）

强制碳抵销市场　即BaO

例如：国际航空碳抵销和减排计划（CORSIA）、澳大利亚减排基金（ERF）的保障机制

例如：自愿购买碳信用用于大型活动碳中和

注：此处各类市场的比例仅为示意，不代表真实比例。

图1-2　碳市场类型解析

[1] ETS（Emissions Trading System），译为碳排放交易体系，从国际普遍定义与实践来看，等同本书的强制碳排放交易市场。

在三大类碳市场中，强制碳排放交易市场（ETS）是目前最主要的形式，其建立在强制履约目标的基础上，以碳配额交易为主，在部分碳市场允许使用碳信用进行有限的抵销。ETS主要包括两种类型：一是总量控制与排放交易型（CaT），即为温室气体排放总量设定上限，并允许配额盈余企业将其盈余的配额出售给存在配额缺口的企业用以履约；二是基准线与信用交易型（BaC），即为排放量设定基准线，排放量超过基准线的履约企业需要为超出部分提交信用[1]，排放量低于基准线的履约企业将从其减排量中获得相应的信用用于交易。强制碳抵销市场，即基准线与抵销型（BaO）碳市场，仅以碳信用为交易产品，排放量超过基准线的履约企业需要为超出部分提交经认可的碳信用，但与ETS不同的是，若排放量低于基准线，BaO的履约企业无法直接从中获得可用于交易的减排单位。自愿碳市场（VCM）建立在有关排放主体履行自愿减排目标的前提下，买方通过购买并抵销碳信用以实现其自愿减排目标。当然，从实践来看，各类碳市场之间的界限并非绝对分明。例如：部分强制碳市场允许非强制履约企业自愿加入履约，但一旦加入履约便需遵守该碳市场的各项规定；部分强制碳排放交易市场（通常是没有配套碳信用机制的）允许自愿减排项目基于核证减排量申报碳配额；另外，一些强制碳市场还允许参与交易者出于减少温室气体排放等公益目的自愿注销其持有的碳配额。

---

[1] 基准线与信用交易型(BaC)碳市场所交易的“信用”，在一些体系中被称为“表现信用”(Performance Credit)，其与总量控制与排放交易型(CaT)所交易的“配额”在概念上十分类似。因此除本句外，本书统一使用“配额”表示，以与自愿减排产生的“碳减排信用”有所区分。

（二）碳市场的层级

按市场层级划分，碳市场可分为一级市场、二级市场。一级市场是政府等管理机构分配碳排放权的过程。二级市场是碳排放权持有者之间交易的过程。碳市场的层级如表1-3所示。

表 1-3　碳市场的层级

分类	主体	具体内容	交易物品	交易方式
一级市场	政府等管理机构与企业	将碳排放权分配给具体企业	碳排放权	免费、拍卖、固定价格等
二级市场	交易主体之间	碳排放权的持有者之间进行交易	碳排放权、碳金融衍生品[1]等	• 场内交易：各方通过多边交易平台公开竞价 • 场外交易：碳交易双方直接协商进行交易

资料来源：宁金彪等《中国碳市场报告（2014）》等，中节能碳达峰碳中和研究院。

（三）碳市场的金融化

从是否金融化来看，碳市场可以分为碳市场和碳金融。碳金融，即金融化的碳市场，广义指服务于碳排放权交易、减碳技术和项目的所有金融活动；狭义指碳排放权交易的金融活动，包括碳现货、碳期货及碳期权交易等。碳金融是欧美碳市场发展的主流，由于欧美金融市场高度发达，碳市场自诞生起便是金融化的，期货交易占全球碳市场交易总量的95%以上，因此碳金融的概念基本等同于碳市场。在我国，由于金融管理较为严格，碳市场与碳金融存在较大不同。现阶段我国碳市场的金融化水平较低，但从长远来看碳金融将是碳市场发展的必然方向。

---

[1] 碳金融衍生品，是基于基础资产演变产生的碳金融合约，主要包括碳远期、碳期货、碳掉期（互换）和碳期权等。

第二章 碳市场的基本框架

碳市场并非是自然形成的交易市场，而是通过人为设计将碳排放的外部性内部化[1]后才产生的交易产品与交易需求，本质是一种人为创造的市场化碳减排机制，因此需要科学、严密的设计，并依靠强大的法律和制度保障其合规运行。碳市场的基本框架主要包括五大核心机制和两大保障体系。其中：五大核心机制分别是碳排放权确定与分配机制，监测、报告、核查（MRV）机制，市场交易机制，清缴履约机制，注册登记机制；两大保障体系分别是制度与监管保障、能力建设。碳市场各项机制之间并非单向线性关系，而是互相影响、反复迭代的。碳市场基本框架如图2-1所示。

[1] 外部性，即个人（包括自然人和法人）的经济活动对他人的福利造成了好的或坏的影响，而本人又未因此获得补偿或支付费用。外部性是造成市场失灵的原因之一。解决外部性问题的核心便是使行为主体造成的社会成本内部化。

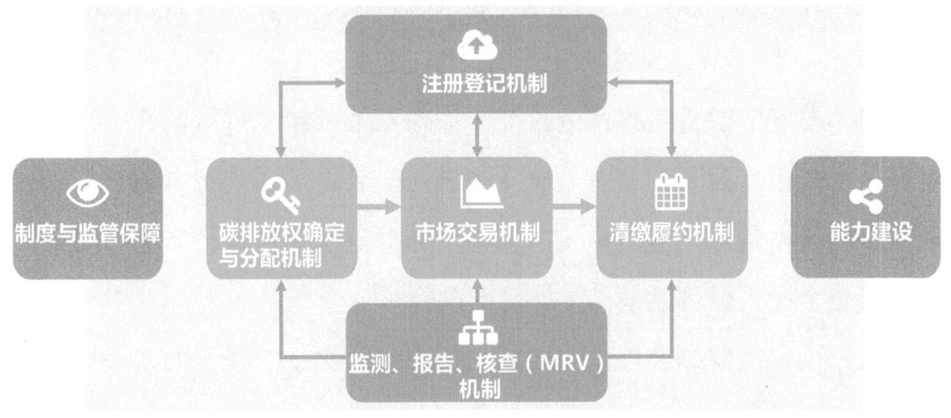

图 2-1　碳市场的基本框架

一、碳排放权确定与分配机制

（一）碳排放配额：总量设定与配额分配

总量设定与配额分配是构建强制碳排放交易市场的前提和关键环节，步骤主要包括覆盖范围确定、总量设定、配额分配方法确定及配额分配等。由于碳排放权的上限某种程度上决定了一个时期一个地区或企业的发展空间，因此总量设定与配额分配往往是多方博弈、协调的结果。

具体来看，覆盖范围的考虑因素主要包括行业类型、温室气体种类、排放门槛、监管环节及履约主体等，政府需要综合考虑本区域实际确定合适的选项，以实现最具成本效益的减排。覆盖的行业通常是气体排放量大且容易监管的行业，温室气体也应是排放量大且容易监管的。设置一定的排放门槛有助于降低管理成本，但可能会削弱碳市场的有效性。监管环节通常选择便于监管、通过减排或成本传递可直接影响排放的环节。一般而言，排放点上游易于扩大覆盖范围，交易和履约成本低，但不易于下游行为模式的改变，如对石油分销商进行监管；排放点更易于实现精准测量，如对发电设施进行监管；下游消费者通常会释放最直接的价格信号，但交易成本较高，如对建筑用能进行监管。履约主体可以是企业，也可以是具体的生产设施。

总量设定需要综合评估本区域的历史排放水平、预测的未来排放量（包括经济增长与发展速度的预期等）及减排机会与成本，以确保碳市场纳入管控的排放总量目标符合本区域总体减排目标。配额分配的方法根据是否有偿，可分为免费分配、有偿分配及部分有偿分配。免费分配一般采用历史数据法或基准线法予以确定。基准线法相对公平但设计难度较大；历史数据法的行政成本相对较低，但相对不公平，缺乏有效激励。有偿分配一般采用拍卖法/竞价法或固定价格出售法，其中拍卖法/竞价法更有效率。从实践来看，碳市场建设初期通常采取配额免费分配，随着碳市场逐渐成熟和排放目标约束趋紧，配额分配将逐渐转向有偿。在这个过程中，一般会采用部分有偿分配的方法进行过渡。例如，在免费分配法计算的基础上，通过设定控排系数确定有偿分配比例，随着碳市场的推进，不断提高有偿分配的比例，直至最终实现全部有偿分配。另外，值得注意的是，尽管一些总量控制与排放交易型（CaT）碳市场也会采用基准线法进行配额分配，但会综合考虑总量控制的约束；而基准线与信用交易型（BaC）更测重于基准线的设置，对总量控制的考虑较弱。总量设定与配额分配方法如表2-1所示。

表2-1　总量设定与配额分配方法

<table>
<tr><th>分类</th><th>分配方法</th><th colspan="2">具体做法</th><th>特点</th></tr>
<tr><td>总量设定</td><td>“自上而下”“自下而上”</td><td colspan="2">基于国家或地区的经济发展水平、产业结构、资源禀赋、人口数量、能源结构、人均能耗和碳排放量、单位GDP的能耗及碳排放量等因素确定其减排任务目标，进一步核算出应获得的碳市场排放总量控制目标</td><td>综合多项因素确定，与配额分配可能存在反复迭代、协调</td></tr>
<tr><td rowspan="5">配额分配</td><td rowspan="2">免费分配</td><td>历史数据法，又称祖父制</td><td>以纳入配额管理的单位在过去一定年度的碳排放数据为主要依据，结合政府减排任务，确定其未来年度碳排放配额的方法</td><td>相对不公平，缺乏激励机制，但最能获得企业支持，行政成本低</td></tr>
<tr><td>基准线法，又称对标法</td><td>根据行业的技术水平（单位产品能耗和碳排放量），以及纳管企业的产品产量，进一步结合政府减排任务，确定分配给纳管企业的碳排放配额</td><td>相对公平，但设计难度较大，对数据基础要求较高</td></tr>
<tr><td rowspan="2">有偿分配</td><td>拍卖法/竞价法</td><td>通过拍卖/竞价的方式出售</td><td>最有效率，最能反映外部成本内部化</td></tr>
<tr><td>固定价格出售法</td><td>以固定价格出售</td><td>难度最低</td></tr>
<tr><td>部分有偿分配</td><td colspan="2">即部分配额采取免费分配的方法，部分配额采取有偿分配的方法，如按照特定的控排系数确定有偿分配比例</td><td>通常作为由免费分配向有偿分配的过渡</td></tr>
</table>

资料来源：戴彦德、康艳兵、熊小平等《碳交易制度研究》，《上海市碳排放管理试行办法》（自2013年11月20日起施行）等，中节能碳达峰碳中和研究院。

（二）碳减排信用：项目注册与减排量签发

碳减排信用确定的底层逻辑与碳排放配额存在本质区别，与碳配额强调强制减排义务并由政府统筹分配不同，碳信用分配建立在自愿减排的前提下，通常是政府或其他管理机构为支持鼓励先进减排技术的推广、应用与发展而建立的激励机制。项目业主可以根据碳信用机制发布的相关指南与方法学[1]，识别、开发自愿减排项目并在碳信用机制取得项目注册，经项目碳排放与减排监测核证后，最终获得由碳信用机制管理机构签发的可交易的减排量。为确保减排量的真实与公正，降低损害环境完整性[2]的风险，碳信用机制通常需基于一定原则开展。其中，额外性是碳信用机制的核心关键原则。碳信用机制基本原则如表2-2所示。

表2-2　碳信用机制基本原则

序号	原则	具体内容
1	完整性	包括所有相关温室气体的排放和清除；包括所有相关信息的支持标准和程序
2	额外性	如果没有碳信用的激励支持，该减排活动就不会发生，即在没有碳信用支持的情况下，减排活动在资金、技术等方面存在实施障碍。任何归因于碳信用项目活动的减排量必须额外于该项目活动没有发生时的减排量，即碳信用减排量应扣除没有碳信用项目时产生的减排量
3	保守性	采用保守的假设、价值和程序，确保温室气体减排或减排增强不会被高估
4	准确性	在实际情况下尽量减少偏差和不确定性
5	一致性	使用一致的方法对一段时间内的排放量进行计算，如实记录对数据、边界、方法或其他相关因素的任何更改，使温室气体相关信息能够进行有意义的比较

[1] 方法学，是阐明项目可信性的规范性文件，是减排项目开发成为碳信用必不可少的工作指南，主要用以明确碳减排基准线设定、项目边界与泄漏评估、额外性评价、减排量计算及监测计划等的工作要求。简单来说，一个方法学对应着某一特定类型减排项目开发成为碳信用资产的工作路径。

[2] 环境完整性，在法律和哲学著作中经常被用来指代自然条件的不受干扰的状态。在应对气候变化领域，目前尚无明确定义，但普遍被接受的定义为全球碳排放量不会因为该活动（如碳信用交易）而增加。

续表

序号	原则	具体内容
6	可测量性	所有排放量的减少和清除均应使用公认的测量工具（包括针对不确定性和泄漏的监测调整），并对应可信赖的排放基准线进行量化
7	相关性	能够有助于用户实现气候变化目标，选择适合目标用户需要的温室气体源、温室气体汇、温室气体库、数据和方法
8	真实性	应证明所有排放量的减少和清除以及产生这些减排的项目活动都是真实发生的
9	永久性	碳信用应是永久性（国际公认期限为100年）的排放量减少和清除。若项目存在可逆性风险，至少应采取适当保障措施确保风险最小化，并建立相关机制确保在任何逆转发生时减排量或碳清除量都可得到弥补或补偿
10	透明性	披露足够和适当的温室气体相关信息，让预期用户有合理的信心做出决定。披露任何相关假设，并适当引用所使用的会计和计算方法及数据来源
11	权属明确	项目开发商明确，权属清晰
12	独特性	每一吨二氧化碳当量的减排或碳清除量只能对应一个碳信用，应在独立的登记注册系统中存储和核销
13	实用性	在不损害项目可信度的前提下，尽量使项目开发的时间与成本降到最低，减少项目实施中的潜在障碍
14	确保无害	确保项目无害

资料来源：各大碳信用机制、国际碳减排与抵销联盟（ICROA）及世界银行等，中节能碳达峰碳中和研究院。

碳信用机制通常基于自身发展宗旨、目标等确定支持的碳信用项目类型，目前碳信用的主要类型如表2-3所示。从实践来看，碳信用通常来自林业碳汇、可再生能源、甲烷利用、节能等项目。

表 2-3　碳信用的主要类型

序号	领域	活动描述
1	林业碳汇	所有与林业相关的活动（如造林、再造林、提高林业管理和减少毁林及森林退化）带来的减排量
2	可再生能源	所有与可再生能源相关的活动带来的减排量
3	能源效率	通过降低能源消耗来减少碳排放的家庭或工业活动，包括余热/废气回收及更高效的化石燃料发电等
4	燃料转型	从化石燃料转为碳强度更低燃料的发电或发热活动（如煤炭改天然气，但不包括可再生能源）
5	逸散排放	应对工业甲烷排放的相关活动，例如防止油田和矿场的甲烷泄漏，但不包括畜牧业和农业的相关活动（如稻田）
6	工业气体	所有氟化气体——氢氟碳化物（HFCs）、全氟化碳（PFCs）及消耗臭氧层的物质
7	制造业	所有与减少材料生产过程（水泥、建筑、钢铁）碳排放强度相关的活动
8	农业	与农业和农场管理相关的活动，包括畜牧活动
9	其他土地使用	所有除林业和农业以外的土地使用管理活动，如湿地
10	废弃物	垃圾填埋气和废水处理减排活动，包括垃圾的管理和处置
11	碳捕集、封存/利用	与碳捕集、封存/利用相关的一切活动
12	交通运输	与运输和交通相关的减排活动
13	海洋碳汇	易于管理的海洋系统所有生物碳通量和存量，包括但不限于红树林、海草床、滨海盐沼、海藻及贝类的固碳过程、活动和机理
14	碳普惠	小微企业、社区、家庭和个人的节能减碳行为，如绿色出行、回收衣物等 （注：碳普惠指鼓励绿色低碳生产生活方式的普惠性工作机制，通过对以上活动赋予一定减排价值从而激励公众减排）

资料来源：第1~12条来自世界银行，第13条来自《广东省碳普惠交易管理办法》，第14条来自《广东省碳普惠制试点工作实施方案》，中节能碳达峰碳中和研究院。

二、监测、报告、核查（MRV）机制

监测、报告、核查（MRV）机制为碳交易提供至关重要的数据基

础。碳排放或减排数据的准确性直接关系到各个市场参与方的经济利益，影响整个碳市场的供需平衡，因而应确保MRV机制的准确性、一致性和透明性。一些国家和地区（如中国、韩国）在运行碳市场之前便建立了强制性排放报告制度，一方面可为碳排放总量目标设定与配额分配提供扎实的数据基础，另一方面有助于引导控排企业提前适应碳市场的监管要求。监测、报告、核查（MRV）机制和典型碳市场监测操作实例如表2-4和表2-5所示。

表 2-4 监测、报告、核查（MRV）机制

制度	主要做法
监测制度	实践表明，针对不同行业和温室气体，应选择最适宜的监测方法 • 间接监测：采用碳排放因子法、质量平衡法等，即通过监测不同品种的化石燃料消耗量、活动水平（产品产量、森林蓄积量等）、排放因子等进行核算 • 直接监测：通过烟气连续排放监测系统（CEMS）在线监测等措施直接测量，以实现高准确性、高实用度等
报告制度	相关企业按照负责评价考核的政府部门或管理机构的格式要求编制并提交其一定时期（通常为自然年）内的温室气体排放（减排）清单报告，需遵守完整性、真实性、准确性等原则。通常由企业自行（亦可委托第三方）完成编制，然后由企业报告
核查制度	一般由管理机构或其委托的第三方核查机构对履约企业的排放量以及减排项目的减排量进行核查，并向管理机构提交核查报告

资料来源：戴彦德、康艳兵、熊小平等《碳交易制度研究》，市场准备伙伴计划（PMR）和国际碳行动伙伴组织（ICAP）《碳排放交易实践手册：碳市场的设计与实施》，中节能碳达峰碳中和研究院。

表2-5　典型碳市场监测操作实例

碳市场	监测方法	核查项
欧盟碳市场	• CO_2：可采用计算法（标准方法或质量平衡法）、直接测量法、替代计算法，或综合运用这些方法 • N_2O：要求采用直接测量法	排放量报告
加州碳市场	计算与测量均可与具体级别要求配合使用。需对某些活动实施连续排放监测（CEMS）	监测计划与排放量报告
魁北克碳市场	控排企业可从每个行业国家部委规定的计算方法中自行选择。若控排企业拥有测量工具，必须使用与该工具相关的方法	监测计划与排放量报告
区域温室气体倡议（R GGI）	• 燃煤机组和任何其他类型固体燃料的机组：必须采用连续排放监测（CEMS） • 燃气机组与燃油机组：可使用替代性方法，通过每日燃料记录计算排放量，通过定期燃料抽样确定碳含量（以%为计量单位）	排放量报告

资料来源：市场准备伙伴计划（PMR）和国际碳行动伙伴组织（ICAP）《碳排放交易实践手册：碳市场的设计与实施》，中节能碳达峰碳中和研究院。

三、市场交易机制

市场交易机制与配额分配、履约制度密切相关，交易规则是否合理很大程度上将影响碳市场的公平性和活跃度[1]。市场交易机制如表2-6所示。

表2-6　市场交易机制

科目	解释
交易主体	涉及众多主体，包括：负责分配配额和考核的政府，碳信用机制的管理机构，具有履约责任的政府和企业，没有履约责任的企业、银行等投资机构、个人等

[1] 活跃度，即买进卖出的活跃程度，股市一般用换手率表示，即成交量/发行总股数（手）。碳市场一般用成交量占当年配额发放总量的比例表示活跃度。

续表

科目	解释
交易标的	碳配额、碳信用等基础资产，及碳期货等碳金融衍生品
交易场所	单独交易所或多个交易所
交易方式	免费、拍卖、固定价格等；场内交易、场外交易
价格发现渠道	实际成交价、市场报价
重点特性	有效性、稳定性、流动性、权威性
价格形成机制	• 直接影响：现货——当前的供需关系（配额、减排技术成本、气候、履约周期等）；期货——对碳价的预期 • 间接影响：关联政策、交易方式等
市场调控机制	为更好实现政策目标和避免碳交易价格大幅波动，特殊情况下政府对市场价格会进行适当调控和干预，可分为对交易标的物进行控制，例如欧盟碳市场的市场稳定储备机制（MSR）[1]、区域温室气体倡议的排放控制储备机制（ECR）[2]等，以及对碳价进行控制，如天花板价、地板价等

资料来源：戴彦德、康艳兵、熊小平等《碳交易制度研究》，市场准备伙伴计划（PMR）和国际碳行动伙伴组织（ICAP）《碳排放交易实践手册：碳市场的设计与实施》等，中节能碳达峰碳中和研究院。

四、清缴履约机制

清缴履约机制是碳市场的另一个关键。没有有约束力的履约，就无法形成大规模的碳交易市场；即便是履行自愿减排目标的排放主体，也需要由公正可信的第三方验证其履约情况并定期披露，以借助有效的公众监督敦促其实现减排目标。清缴履约机制见表2-7所示。

[1] 市场稳定储备机制（MSR），是一种用于调整并确保市场中流通配额总量控制在一定阈值范围内的机制。该机制的触发条件为市场流通的配额总量。

[2] 排放控制储备机制（ECR），是一种在低于预期碳价情景下自动触发，从市场中吸收一定数量配额的机制。该机制的触发条件为碳价。

表2-7　清缴履约机制

科目	具体释义	常规做法
清缴履约	履约企业需要提交与考核周期内实际碳排放量相等的碳排放权数量，以完成履约	
履约周期	考核周期越短，越有利于提高碳市场活跃度，但是会导致考核行政成本增加	考虑到履约成本、交易活跃度等因素，碳市场履约周期通常为1年至3年。在交易流动性较弱的情况下，交易活跃峰期一般出现在履约期满前
抵销机制	通常允许履约企业购买有限的核证减排量，用于抵销碳排放量以实现履约，提升履约的灵活性。但这种灵活性必须与确定的减排效果进行平衡，同时警惕潜在风险与成本	• 主要考量：碳抵销可降低履约成本，带来多重协同效益，但存在潜在不利影响，如拉低配额价格，减少对履约行业的低碳投资，额外性、环境完整性无法得到保证等 • 地理覆盖范围：本区域内、本区域外 • 气体、行业及覆盖的活动：取决于本区域碳市场的需求或特定要求 • 对碳信用使用数量的限制：基于对不利影响的考虑，通常会对数量进行限制，最常用的方法是限制抵销的比例、总量等
其他灵活机制	除抵销机制外的其他灵活机制，例如是否允许参与者跨越履约周期储存（结转）或预借配额	• 跨越履约周期储存（结转）：允许履约主体储存未使用的配额，以供跨履约期使用。通常具有良性影响，但可能继续保持潜在的供需失衡 • 预借配额：在当前履约期内使用它们将在未来履约期接受的配额。政府或难以评估资信度，可能使得偿付能力最差的企业预借更多的配额，延迟减排也会给减排目标的实现带来不确定性，因此较少采用
惩罚机制	一般可能采用的经济惩罚措施在一定程度上决定了碳交易市场价格的上限	不同地区力度不同，一般随着经济社会发展水平、碳市场发展阶段而变化。 • 违规行为：履约企业未能按时履约、虚报数据、拒不配合核查等，核查机构提供虚假信息或泄露机密等，管理部门、注册机构、交易机构滥用职权等 • 处罚措施：点名批评、罚款、配额扣除、刑事指控等

注：该表主要指的是强制碳排放交易市场。其他类型碳市场可结合自身情况参照部分环节执行，例如：对强制碳抵销型市场而言，清缴履约、履约周期及惩罚机制的内容同样适用；但在抵销机制方面，其超出基准线的排放需全部采用碳信用进行抵销（而非有限抵销），也不涉及与配额有关的灵活机制。

资料来源：市场准备伙伴计划（PMR）和国际碳行动伙伴组织（ICAP）《碳排放交易实践手册：碳市场的设计与实施》等，中节能碳达峰碳中和研究院。

五、注册登记机制

注册登记机制是记录碳排放权分配、流转的重要支撑，好比碳资产的“银行”和“仓库”。通常情况下，碳市场管理者会专门建立大型数据库系统，为每个碳排放权单位分配独有的序列号，自发放之日起记录这些序列号的去向。构建的信息系统包括注册登记记录系统、交易系统及碳排放数据报送系统。在实操层面，可选择建立单独系统或综合型系统。碳市场的主要信息系统如表2-8所示。

表 2-8　碳市场的主要信息系统

系统	主要功能
注册登记记录系统	随时反馈各企业或政府持有的配额种类和数量，提供市场信息；跟踪记录每一个配额单位的产生、交易、转换、转入（出）、取消和提交全过程信息，并保证系统内每一个配额的唯一性，防止欺诈发生
交易系统	提供交易服务和综合信息服务
碳排放数据报送系统	实现碳排放数据的在线报送，提升数据报送和统计的效率，部分碳市场的系统可实现在线实时监测

资料来源：戴彦德、康艳兵、熊小平等《碳交易制度研究》，中节能碳达峰碳中和研究院。

六、制度与监管保障

一方面，碳市场需要以法律为基本保障，并通过政策规范指南等文件规范碳市场的各项工作，如总量设定与配额分配方案，交易规则，碳排放监测、报告、核查工作指南等；另一方面，碳市场涉及经济、产业、能源、环境、金融、价格政策等多个方面，对政府、企业、个人的利益将产生深远影响，碳市场管理者需妥善处理好碳市场与其他相关政策的协调与衔接，才能确保碳市场的顺利建立和良好运行。

同时，监管体系保障对碳市场的健康高效运行意义重大，监管对象覆盖所有参与方，如政府部门、企业、金融机构、交易平台、核查机构等；并覆盖碳市场的各个操作环节，包括配额分配、MRV、交易、注册登记、清缴履约等，确保无死角、无漏洞。监管方法包括但不限于政府监督、第三方机构监督及公众舆论监督等。

七、能力建设

碳市场的良好设计和实施运行需要各利益相关方拥有针对碳市场做出明智判断的能力，如了解碳市场的目标、设计、参与方法及潜在影响等。能力建设措施包括但不限于提供基础学习资料、举办研讨会或培训、操作模拟软件、邀请专业人员直接参与工作及跨碳市场交流学习等。碳市场的能力建设需求如表2-9所示。

表2-9　碳市场的能力建设需求

对象	能力建设需求
政府等管理机构	识别和评估碳市场设计的关键事项；制定碳市场法规、条例和技术指南；管理碳市场核心功能；协调碳市场对政府政策、措施和行政制度的财政影响；与其他碳市场的连接等
控排企业等参与交易方	•履行MRV、履约清缴义务的能力 •将碳价纳入企业战略决策，制定总体减排和投资计划等 •操作注册登记系统账户，申请碳排放权，获得并交易碳排放权等 •管理碳市场交易的会计和税务影响 •抵御新风险和不确定因素
第三方中介、第四方平台	•设计交易、注册登记结算等配套服务及参与开发配套过程和制度 •第三方核查能力、碳资产管理能力等
其他利益相关方	分析碳市场的运行情况及影响等

资料来源：市场准备伙伴计划（PMR）和国际碳行动伙伴组织（ICAP）《碳排放交易实践手册：碳市场的设计与实施》，中节能碳达峰碳中和研究院。

第二部分

全球碳市场

碳市场全球化程度较高：从全球碳市场来看，碳市场机制是《京都议定书》《巴黎协定》等国际应对气候变化公约的关键机制。从区域碳市场来看，欧盟碳市场等国外碳市场占据主导地位，其先行探索经验和碳价信号不仅对我国碳市场建设具有一定参考意义，在跨市场连接、国际贸易等方面还将给我国带来直接影响。清晰认识全球碳市场形势，对我国碳市场发展及国际贸易等具有重要意义。本章分别对全球碳市场的起步发展及全球强制碳排放交易市场和碳信用交易市场[1]进展进行阐述，并对典型碳市场——欧盟碳市场进行系统性研究分析，为相关方提供参考借鉴。

第三章　全球碳市场的起步发展

自20世纪70年代起，随着人类对气候变化现象的科学认识的不断深入，国际社会逐渐认识到全球必须统一行动才有可能减缓气候变化带来的危机，并开始着手构建应对气候变化的国际合作机制。1988年，联合国环境规划署（UNEP）与世界气象组织（WMO）建立了政府间气候变化专门委员会（IPCC），旨在为决策者定期提供针对气候变化的科学基

[1] 本章主要按交易产品类型划分碳市场，强制碳排放交易市场重点关注碳配额情况，碳信用交易市场重点关注碳信用情况。

础、其影响和未来风险的评估，以及减缓与适应的可选方案。

在1990年政府间气候变化专门委员会（IPCC）第一份气候变化评估报告的基础上，1992年6月，153个国家及欧洲经济共同体[1]在里约热内卢联合国环境与发展大会上共同签署《联合国气候变化框架公约》（UNFCCC，以下简称《公约》），并于1994年3月21日正式生效。《公约》是国际社会应对气候变化合作和谈判的起点及基本框架，其中区分了发达国家和发展中国家，强调上述两类国家在应对气候变化问题上承担“共同但有区别的责任”（简称共区），即“各缔约方应当在公平的基础上，并根据它们共同但有区别的责任和各自的能力，为人类当代和后代的利益保护气候系统。因此，发达国家缔约方应当率先对付气候变化及其不利影响”，并且“应当充分考虑到发展中国家缔约方尤其是特别易受气候变化不利影响的那些发展中国家缔约方的具体需要和特殊情况，也应当充分考虑到那些按本公约必须承担不成比例或不正常负担的缔约方特别是发展中国家缔约方的具体需要和特殊情况”。除共区原则外，《公约》还明确了公平原则、各自能力原则和可持续发展原则等。《公约》约定，从1995年起每年举行一次《公约》缔约方大会（COP），评估全球应对气候变化进展。

1997年12月11日，第三次缔约方大会（COP3）在日本京都召开，会上初步形成并通过的《京都议定书》作为落实《公约》的重要法律文件，首次以具有法律约束力的形式对发达国家温室气体排放限额进行量化。明

[1] 截至2022年3月，《公约》已有197个缔约方，包含196个国家和1个区域经济一体化组织——欧盟。

确规定附件一缔约方[1]应当在2008年至2012年（即《京都议定书》第一承诺期），使其温室气体排放量在1990年的基础上至少减少5%。2012年的多哈会议进一步确定了2013年至2020年（即《京都议定书》第二承诺期）的减排目标，欧盟27个成员国、澳大利亚、挪威、瑞士、乌克兰等37个发达国家或经济转型国家缔约方及欧盟参加了第二承诺期，整体在第二承诺期内将温室气体的全部排放量在1990年的基础上至少减少18%。

为满足附件一缔约方灵活履约的需求，《京都议定书》确定了三种灵活履约机制——联合履约（JI）、清洁发展机制（CDM）和排放贸易（ET），奠定了国际碳交易的法律基础。这三种机制均允许缔约方之间进行碳排放权的转让，但在具体机制设置上存在一定区别（见表3-1）。2005年2月16日，《京都议定书》正式生效，推动全球具有强制减排义务特征的碳市场快速发展。可以说，《京都议定书》是全球碳市场发展的奠基者与里程碑。

表3-1 《京都议定书》下的三种灵活履约机制

条目	第六条 联合履约	第十二条 清洁发展机制	第十七条 排放贸易
主体	附件一缔约方之间	附件一缔约方与非附件一缔约方	附件一缔约方之间
机制内容	附件一缔约方之间通过双边项目合作实现的减排单位，可转让给一方，同时在转让方的“分配数量”上扣减相应额度	附件一缔约方通过资金与技术支持的方式，与非附件一缔约方合作开展减排项目，获得的核证减排量可转让于附件一缔约方用于履约	附件一缔约方之间通过交易直接转让排放额度，同时在转让方的“分配数量”上扣减相应额度

[1] 附件一缔约方，即《公约》附件一所列的发达国家、经济转型国家及欧洲经济共同体（现为欧盟）。

续表

条目	第六条 联合履约	第十二条 清洁发展机制	第十七条 排放贸易
交易产品	减排单位（ERUs）	核证减排量（CERs）	分配数量单位（AAUs）
产品类型	基于项目	基于项目	基于配额

资料来源：UNFCCC，中节能碳达峰碳中和研究院。

相比之下，尽管自愿碳市场的出现最早可追溯到1989年，美国AES电力公司在危地马拉投资200万美元种植5000万棵树以抵销其在美国境内新建的煤电厂的温室气体排放，但因自愿碳市场全凭买家的主观意愿，与强制碳排放交易市场相比，其发展速度较为缓慢。

第四章　强制碳排放交易市场

一、整体概况

2002年英国建立了全球首个强制碳排放交易市场[1]，但真正延续至今的最早运行的强制碳排放交易市场是2005年由欧盟建立实施的欧盟碳市场。到2021年全球有29个强制碳排放交易市场正在运行，覆盖全球超过54%的GDP、33%的人口及16%的碳排放，碳排放占比较2005年增加两倍多。从行政层级来看，包括：1个超国家级碳市场——欧盟碳市场，覆盖27个欧盟成员国、冰岛、列支敦士登、挪威以及北爱尔兰（发电设施）；9个国家级碳市场，包括中国、韩国、新西兰、瑞士、英国、德国、加拿大、墨西哥及哈萨克斯坦；19个国家内区域级碳市场，包括中国8个（北京、天津、上海、重庆、湖北、广东、深圳、福建），美国3个（加州、区域温室气体倡议、马萨诸塞州），加拿大6个（阿尔伯塔、魁北克、英属哥伦比亚、新斯科舍、萨斯喀彻温、纽芬兰

[1] 2005年欧盟碳市场启动后，英国加入欧盟碳市场，其本国碳市场于2006年年底停止运行。受脱欧影响，英国2021年退出欧盟碳市场并再次启动本国碳市场。

与拉布拉多）以及日本2个（东京、琦玉）。

尽管目前全球远未形成统一的强制碳交易市场，但在局部地区，部分区域碳市场之间已建立了连接，包括加州与魁北克、日本东京与琦玉、欧盟与瑞士。全球已运行的强制碳排放交易市场所占碳排放比重如图4-1所示。

同时，越来越多的国家和地区，特别是发展中国家和地区，正在研究或开始考虑建立强制碳排放交易体系以促进碳减排，例如哥伦比亚、印度尼西亚、越南、巴西、智利、日本、巴基斯坦、菲律宾、泰国、土耳其等国家，以及美国新墨西哥州、北卡罗来纳州、中国台湾省等地区。

二、主要碳市场进展

目前，国际上具有代表性的强制碳排放交易市场主要有5个[1]，分别是欧盟碳市场、加州-魁北克碳市场、区域温室气体倡议、韩国碳市场、新西兰碳市场。其中：欧盟碳市场运行最早，2005年开始，2021年已进入第四阶段；新西兰、区域温室气体倡议、加州-魁北克碳市场[2]在2008年至2013年间陆续启动；韩国碳市场运行最晚但发展较快，2015年运行，2021年已进入第三阶段。

[1] 此处不包括我国碳市场。事实上，从规模、建设经验、关注度等角度看，我国碳市场（全国碳市场以及试点碳市场）也是全球具有代表性的强制碳排放交易市场之一，具体内容见专章，此处不再赘述。

[2] 加州、魁北克同属西部气候倡议（WCI），分别于2007、2008年加入，后又分别于2012年、2013年启动碳市场，并于2014年建立碳市场连接。至2021年，WCI共有美国加州、加拿大魁北克省、加拿大新斯科舍省三个行政辖区加入。相较前两者，新斯科舍省加入最晚（2018年），于2019年单独建立碳市场且规模有限。

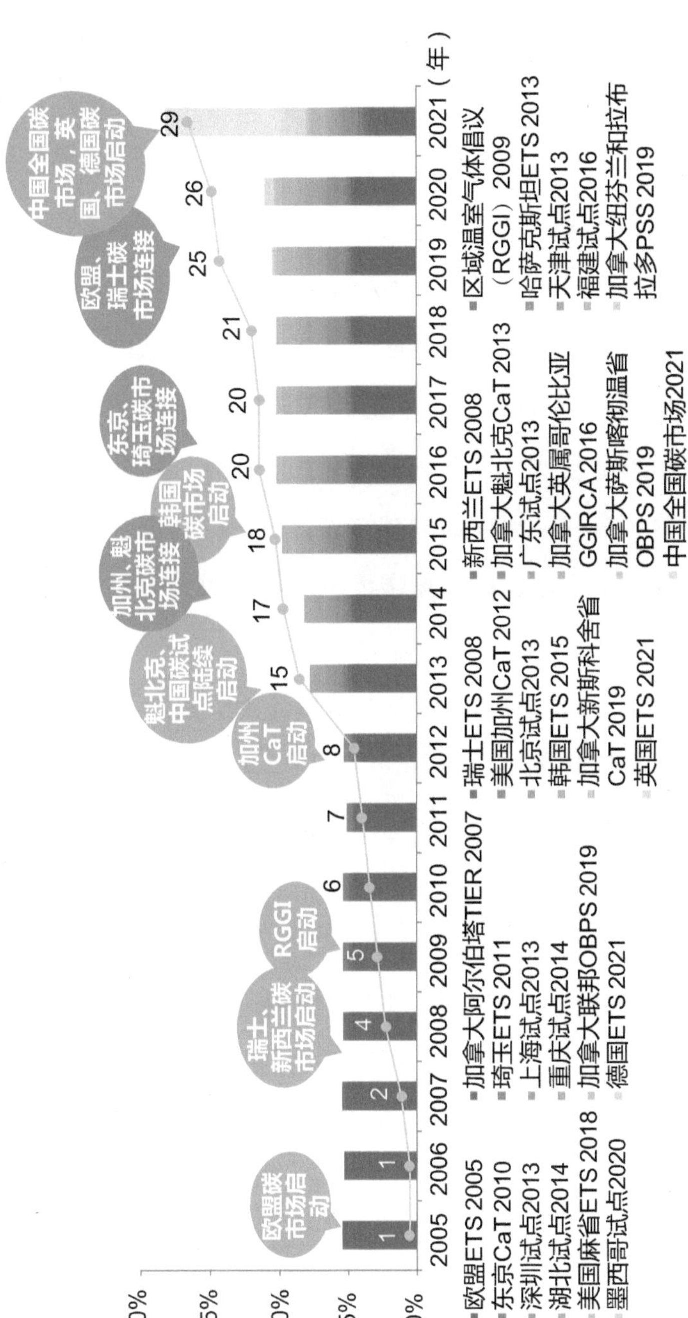

资料来源：世界银行，ICAP，中节能碳达峰碳中和研究院。

图4-1 全球已运行的强制碳排放交易市场所占碳排放比重

从履约周期看，北美地区的两大碳市场——加州-魁北克碳市场、区域温室气体倡议均以三年为一个履约周期，欧盟碳市场、韩国碳市场、新西兰碳市场则以一年为一个履约周期。

从覆盖行业看，五大碳市场均将电力行业纳入履约，但只有区域温室气体倡议仅覆盖电力行业，其他四大碳市场还将工业等行业纳入履约。除电力、工业外，欧盟、韩国及新西兰碳市场还将区域内部航空业纳入履约，加州-魁北克、韩国、新西兰碳市场还将建筑、交通等纳入履约，新西兰、韩国碳市场还将废弃物纳入履约。另外，新西兰还创新性地将林业纳入履约，对1990年以前的林地进行一次性补偿，1990年及以后的林地可自愿参与碳市场，并根据碳汇量申报获取碳排放单位，但这两类林地若被砍伐需使用碳排放单位进行抵销。

从覆盖排放规模看，加州-魁北克碳市场与韩国碳市场覆盖的碳排放范围最大，占区域排放量比重超过70%。欧盟、新西兰碳市场覆盖了区域40%～50%的碳排放。区域温室气体倡议覆盖碳排放比例最小，仅约11%。

从配额拍卖比例看，区域温室气体倡议配额分配全部采用拍卖形式，欧盟碳市场、加州-魁北克碳市场拍卖比例超过半数，韩国、新西兰碳市场拍卖比例不高于10%，近年来正逐步加大拍卖比例。

2021年全球五大碳市场基本情况如表4-1所示。

表4-1 2021年全球五大碳市场基本情况

分类	欧盟碳市场	加州-魁北克碳市场	区域温室气体倡议	韩国碳市场	新西兰碳市场
阶段	2005年启动，2021年进入第四阶段，每年履约	分别于2012、2013年启动，2014年建立连接，自2015年起每三年一履约	2009年启动，每三年一履约	2015年启动，2021年进入第三阶段，每年一履约	2008年启动，每年一履约
覆盖区域	欧盟27个成员国、冰岛、列支敦士登、挪威、北爱尔兰（仅发电设施）	美国加州、加拿大魁北克	美国11个州	韩国	新西兰
覆盖行业	电力、工业、国内航空	电力、工业、建筑*、交通*	仅电力行业	电力、工业、建筑、国内航空、废弃物	电力、工业、建筑*、交通*、国内航空*、废弃物、林业
覆盖温室气体	CO_2，N_2O，PFCs	CO_2，CH_4，N_2O，SF_6，HFCs, PFCs, NF_3, 其他氟化温室气体	CO_2	CO_2，CH_4，N_2O，PFCs，HFCs, SF_6	CO_2, CH_4, N_2O, SF_6，HFCs，PFCs
碳排放纳入门槛	只能排除前三年排放量低于2500吨/年的设施	年排放2.5万吨及以上，另外燃料分销商分销量达200升及以上（魁北克额外要求）	25MW及以上化石燃料发电机组，纽约州自2021年起降至15MW及以上	企业年排放量超过12.5万吨和设施年排放超过2.5万吨	不同行业门槛各有不同，如：钢铁、铝生产、石油精炼等行业无门槛要求；天然气进口商则是年进口量超过1万升
覆盖排放	40%	74%（加州）、78%（魁北克）	11%	73%	49%

续表

分类	欧盟碳市场	加州-魁北克碳市场	区域温室气体倡议	韩国碳市场	新西兰碳市场
拍卖比例	57%	62%（加州）、67%（魁北克）	100%	41个行业的配额拍卖比例从3%提升至10%	2021—2030年工业部门每年减少1%免费配额
抵销比例	无	履约量的4%（加州）8%（魁北克）	履约量的3.3%	履约量的5%	无
年均碳价（美元/吨）	拍卖：62.61 二级市场：64.77	拍卖：22.43（加州）、22.40（魁北克）	拍卖：10.59	拍卖：23.06 二级市场：17.23	拍卖：36.04 二级市场：34.95

注：*意为覆盖的是建筑、交通等能源消费端的上游供能行业，如油气供应商、分销商。

资料来源：ICAP等，中节能碳达峰碳中和研究院。

2021年，五大主要碳市场基本上都进入新阶段，或在立法、市场建设方面取得新进展。其中：欧盟碳市场2021年进入第四阶段，持续强化配额约束，配额年度线性折减率由1.74%提升至2.2%，计划到2030年，除集中供热外，其他经济部门的免费配额全部取消；同时，持续实行市场稳定储备机制（MSR），并且自2023年起，市场稳定储备中超过上一年拍卖量的配额将失效；并取消碳抵销。2021年7月14日，欧盟委员会发布“Fit for 55”减排一揽子方案，计划在碳市场第四阶段现有设计基础上，进一步提升约束力度。另外，英国因脱欧2021年退出欧盟碳市场并启动本国碳市场，于2021年5月19日上线交易。德国于2021年启动本国供暖与运输燃料行业碳市场，作为对欧盟碳市场的补充。荷兰自2021年起在碳市场基础上征收工业碳税，以进一步促进工业减排。

加州碳市场的最新法案于2021年生效，其中新增了价格天花板机制、将抵销额度由8%降至4%（特别是减少不能提供直接环境效益的项目）并提高了配额年度折减率——2021年至2030年每年减少1340万吨配额，至2030年配额总量降到2亿吨，每年约减少4%。魁北克碳市场在2020年年底将其储备配额的销售价格等级调整至与加州碳市场相当的水平，2021年价格分三级，分别为41.4加元/吨（30.87美元/吨）、53.2加元/吨（39.67美元/吨）、65加元/吨（48.47美元/吨），但与加州碳市场不同的是，魁北克碳市场最高级别碳价并不作为价格天花板。

区域温室气体倡议由美国10个州（康涅狄格、特拉华、缅因、马里兰、马萨诸塞、新罕布什尔、新泽西、纽约、罗德岛和佛蒙特）于2009年共同建设，其中新泽西州在2011年年末退出区域温室气体倡议后，又于2020年重新加入。2021年弗吉尼亚州正式加入区域温室气体倡议，成为第11个成员州，弗吉尼亚州属于煤炭依赖型州，其加入后成为区域温室气体倡议中碳排放仅次于纽约州的第二大州。宾夕法尼亚州也已通过立法，计划2022年加入区域温室气体倡议。2021年，区域温室气体倡议启动了排放控制储备机制（ECR），将在碳价低于预期时触发。另外，区域温室气体倡议于2021年发起了第三次项目审查，以分析项目运行的成功性、影响，进一步降低2030年后配额总量上限的潜力及其他设计元素，审查预计将在2023年结束。

韩国碳市场第三阶段于2021年7月开始，实施多项举措进一步增强碳市场活跃性，推动碳价提升，具体包括：韩国交易所补充了做市商[1]体系，金融中介机构可直接参与二级市场交易，以增强市场流动性；碳市场范围扩展至建筑和（大型）运输企业；配额有偿分配方面，2021年在69个符合条件的行业中有41个行业的配额拍卖比例从3%提升至10%，其他由碳泄漏[2]指数确定为全部免费分配；期货市场也将在第三阶段引入，但尚未确定具体时间。

新西兰政府于2020年6月进行全面立法改革，通过了《应对气候变化（排放交易改革）修正法案2020》，进一步加强碳市场力度，使其目标与《巴黎协定》目标保持一致。在此背景下，新西兰政府确定了2021年至2025年碳市场的绝对排放限额，这也是新西兰碳市场首次设定排放上限。立法还规定了工业部门减少免费配额分配的时间表，2021年至2030年免费配额每年减少1%，2031年至2040年减少率升至2%，2041年至2050年减少率提升至3%。另外，新西兰目前正推动将农业纳入碳定价体系，2020年至2021年，新西兰政府为农民制定了《温室气体：农场规划指南》，并开展能力建设、农业碳排放定价机制方案及农业增汇方案研讨，目标到2025年所有农场都拥有核算、管理碳排放的书面计划。

---

[1] 做市商，是在特定证券的双边市场积极报价的公司或个人，通过提供出价和报价及各自的市场规模为市场提供流动性，并从买卖价差中获利。

[2] 碳泄漏，指严格气候政策区域在实施气候政策后，导致其他相关区域碳排放增加的现象，主要的泄露渠道是碳密集行业将产业和排放向气候政策宽松的国家和地区转移，从而削弱了严格气候政策的减排效果。

三、市场交易情况

（一）交易规模情况

2021年全球主要强制碳排放交易市场成交量约157.73亿吨，成交额达约7592亿欧元（约5.40万亿元人民币[1]），分别同比增长24%、164%。其中，2021年欧盟碳市场成交超过122亿吨配额，成交额达约6825亿欧元（约4.86万亿元人民币），分别同比增长17%、162%，分别占全球总约77%、90%。加州-魁北克碳市场规模次之，2021年成交量、成交额分别达到22.58亿吨、451.67亿欧元（约3215亿元人民币）。区域温室气体倡议成交量位列第三，约4.22亿吨，成交额约40.93亿欧元（约291亿元人民币）。中国碳市场成交量达4.12亿吨，但因碳价较低，成交额约12.89亿欧元（约92亿元人民币）。尽管英国碳市场的成交量仅3.35亿吨，但受高碳价拉动，成交额高达228.47亿欧元（约1626亿元人民币），仅次于欧盟碳市场和加州-魁北克碳市场。新西兰碳市场和韩国碳市场的规模相对较小，成交量分别约0.81亿吨和0.51亿吨，成交额约25.05亿欧元（178亿元人民币）和7.98亿欧元（56.80亿元人民币）。以上碳市场中，仅韩国碳市场的成交额在2021年出现下滑，主要是配额过剩、碳价下跌所致。2019年至2021年全球主要碳市场成交规模变化情况如图4-2所示。

---

[1] 受国际形势、新冠肺炎疫情、通货膨胀等影响，2021年至2022年，欧元、美元等国际货币汇率走势较不稳定。本书以数据源提供的币种为准，书中提供的按汇率计算的人民币价格仅供参考。本书采用的欧元兑人民币汇率为7.1178。

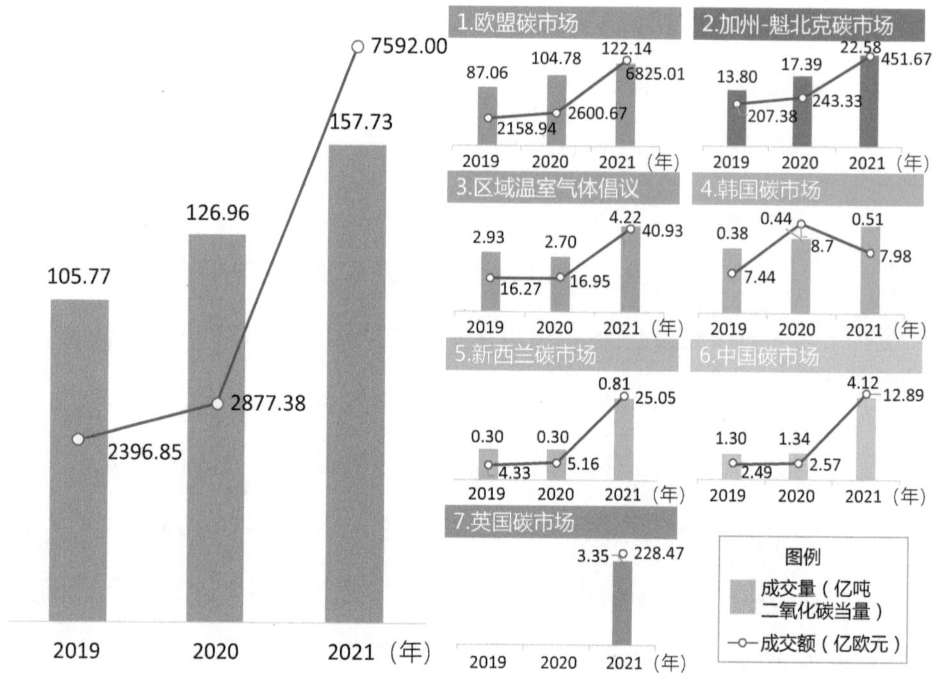

注：除配额交易外，韩国、中国碳市场还包含抵销机制的交易数据（中国仅含成交量）。韩国2019年至2021年KOCs成交量、成交额分别为0.046亿吨、0.87亿欧元，0.042亿吨、0.72亿欧元和0.04亿吨、0.83亿欧元。中国2019年至2021年CCER成交量分别为0.43亿吨、0.63亿吨和1.7亿吨。

资料来源：Refinitiv，中节能碳达峰碳中和研究院。

图4-2 2019年至2021年全球主要碳市场成交规模变化情况

（二）财政收入情况

截至2021年，全球碳市场累计为政府带来超过1613.50亿美元（超过1万亿元人民币[1]）的财政收入，2021年政府筹资共计583.15亿美元

[1] 本书采用的美元兑人民币汇率为6.3174。

（约3684亿元人民币），创历史新高。政府主要通过在一级市场进行配额有偿发放以筹集财政资金，筹集到的资金可用于资助气候项目、能源密集型产业转型及帮助弱势和低收入群体等。随着各碳市场拍卖比例的不断提高、碳价的提升等，碳市场带来的财政收入规模也在不断扩大。据ICAP统计，截至2021年年底，欧盟碳市场累计筹资1175.54亿美元（约7426亿元人民币），约占全球碳市场财政收入的73%，2021年筹资约367.34亿美元（约2321亿元人民币），约占全球总筹资的63%。欧盟披露，平均而言，成员国将这些收入的70%用于与气候和能源相关的项目。加州碳市场次之，累计筹资约182.30亿美元（约1152亿元人民币），2021年筹资39.93亿美元（约252亿元人民币）。魁北克碳市场累计筹资43.87亿美元（约277亿元人民币），2021年筹资9.02亿美元（约57亿元人民币）。2021年度全球碳市场筹资与累计筹资如图4-3所示。

（三）碳价变化情况

整体来看，2021年全球五大主要碳市场中仅欧盟碳市场及从欧盟脱离出的英国碳市场的平均碳价达到符合《巴黎协定》目标要求的碳价水平[1]，其他碳市场仍需进一步提升力度。2021年，受配额约束提升、天然气等能源价格飙升等因素影响，欧盟碳市场和英国碳市场碳价涨势强劲，全年碳价保持在40美元/吨以上。其中，欧盟碳市场碳价在2021年一

[1] 2017年5月29日，由碳定价领导联盟（CPLC）召集、法国政府和世界银行支持的碳定价高级别委员会（High-Level Commission on Carbon Prices）明确提出符合实现《巴黎协定》温度目标的碳定价水平——若想实现温升控制在2摄氏度目标，到2020年碳价达到每吨40美元至80美元，到2030年达到每吨50美元至100美元，并保证支持性政策环境实施到位。

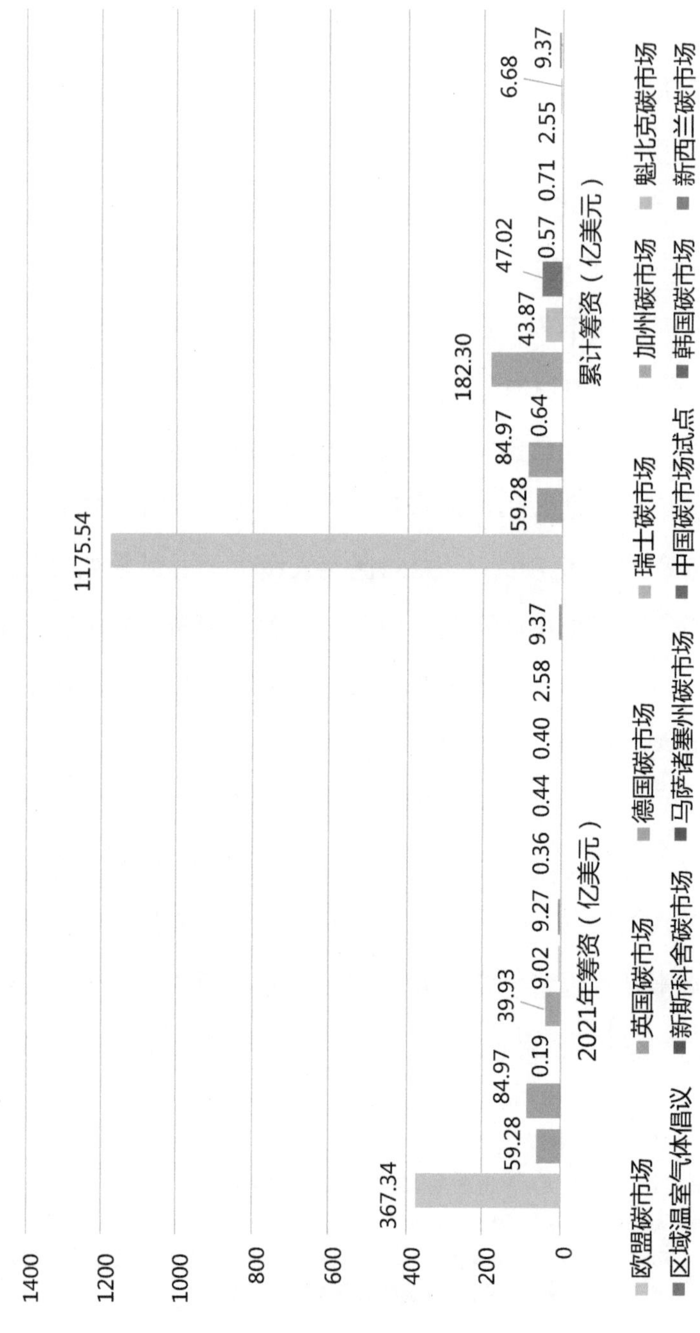

资料来源：ICAP，中节能碳达峰碳中和研究院，累计值统计自2009年。

图4-3　2021年度全球碳市场筹资与累计筹资

路飙升，临近年底创下历史新高90.75欧元/吨（超过100美元/吨），全年平均碳价由2020年的24.83欧元/吨翻倍至2021年的53.65欧元/吨。2021年5月19日开市的英国碳市场首日碳价便达到43.99英镑/吨（约60美元/吨），此后碳价基本保持在60美元/吨以上。新西兰碳市场2021年上半年碳价相对平稳，保持在每吨20美元至30美元，自9月起碳价上升至40美元/吨以上，但年度均价未达到40美元/吨，约34.95美元/吨。加州-魁北克碳市场、区域温室气体倡议、韩国碳市场等2021年全年最高碳价均未超过40美元/吨。2021年全球主要碳市场碳价变化情况如图4-4所示。

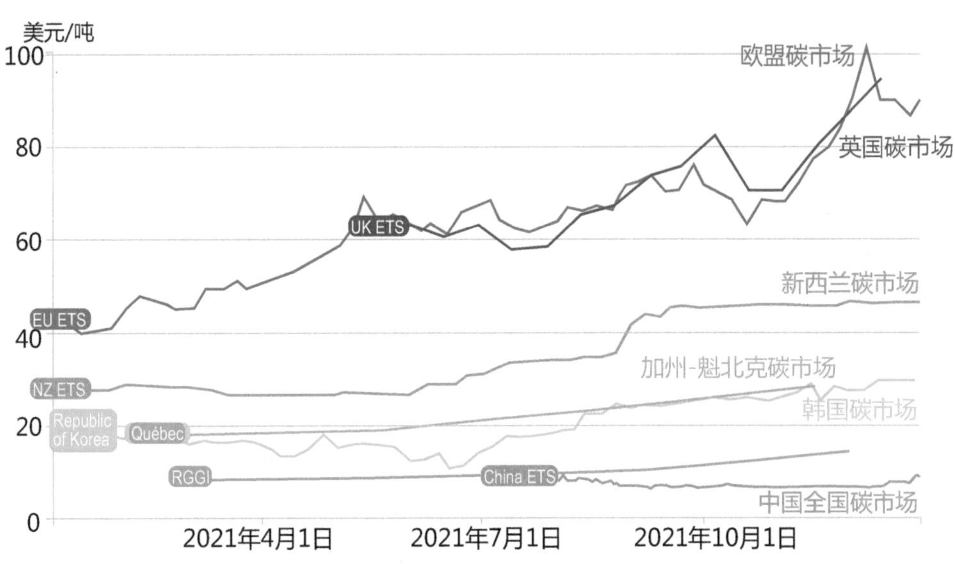

资料来源：ICAP，中节能碳达峰碳中和研究院。该图仅用于趋势展示。

图4-4　2021年全球主要碳市场碳价变化情况

第五章 碳信用交易市场

一、全球碳信用机制概况

基于碳信用产生的方式和机制管理的方式，碳信用机制可划分为国际碳信用机制、独立碳信用机制和区域碳信用机制[1]。

（一）国际碳信用机制

国际碳信用机制通常基于国际气候条约而建立，目前主要有《京都议定书》下的清洁发展机制（CDM）（进行中）、联合履约（JI）（已停止）及《巴黎协定》第六条（计划实施）等。

1. 清洁发展机制（CDM）

基于《京都议定书》建立的清洁发展机制是全球截至目前最大的碳信用机制，减排量签发规模占全球的3/4。清洁发展机制为附件一缔约方提供了灵活履约的方式，同时为发展中国家带来减排技术与投资，显著推动了全球温室气体减排与绿色发展。清洁发展机制于1997年建立，主

[1] 分类方法参考自世界银行。

要用于《京都议定书》第一承诺期（2008—2012年）履约，后延伸至第二承诺期（2013—2020年），由于原定于2020年召开的格拉斯哥气候大会（COP26）因新冠肺炎疫情推迟至2021年，故清洁发展机制也被延长至2021年。其功能也从最初的强制履约碳市场抵销逐渐延展至自愿碳市场，目前个人也可以在线购买[1]清洁发展机制的核证减排量（CERs）用于自愿抵销碳排放。截至2021年年底，CDM注册项目7861个，已签发碳信用约21.49亿吨，其中氢氟碳化物、氧化亚氮、水电、风电类签发碳信用量最多。

2. 联合履约（JI）

《京都议定书》下另一项灵活机制——联合履约（JI）是仅次于CDM的第二大碳信用机制。联合履约与清洁发展机制同样建立于1997年，但不同的是，联合履约是附件一缔约方之间的交易。因转让涉及的分配数量仅在《京都议定书》第一承诺期（2008—2012年）有效，所以阶段目标结束后，联合履约自2016年起没有开展任何工作。但作为同样用于履约方之间交易的碳信用机制，联合履约为《巴黎协定》第六条的实施提供了宝贵经验。联合履约累计注册项目数604个，签发碳信用达8.72亿吨，主要来自逸散排放控制、工业能效提升等。

3. 《巴黎协定》第六条

《巴黎协定》为2020年后全球应对气候变化行动做出安排，其中第六条提出了一项灵活机制。2015年12月12日，在巴黎气候变化大会

[1] CDM减排量在线购买链接：https://offset.climateneutralnow.org/uncertification。

（COP21）上缔约方一致同意通过《巴黎协定》，并自2016年11月4日起生效。与《京都议定书》“自上而下”地明确附件一缔约方强制减排责任不同，《巴黎协定》主要通过“自下而上”的方法，由各缔约方提交国家自主贡献（NDCs）[1]，在强调减排差异性与自主性[2]的同时，所有缔约方通过努力达到控制全球气温上升的长期目标——将全球平均气温较工业化前水平升高控制在2摄氏度之内，并为将温升控制在1.5摄氏度之内而努力。与《京都议定书》三种灵活机制类似，《巴黎协定》在第六条中提出一种灵活履约的机制——6.2条款提出缔约方可以使用国际转让的减缓成果（ITMOs）实现国家自主贡献目标；6.4条款提出建立一个机制（简称6.4机制），用以履行国家自主贡献，并实现全球排放的全面减缓（OMGE）目标——确保全球范围内温室气体排放总量的减少，而不仅是通过一个国家的温室气体减排来抵销另一个国家的排放。《巴黎协定》6.4条款建立的交易市场将替代清洁发展机制。此外，6.8条款、6.9条款还提出确定非市场方法的框架，帮助可持续发展和消除贫困。《巴黎协定》第六条具体内容如表5-1所示。

[1] 国家自主贡献（NDCs）是各缔约方减缓排放与适应气候影响的气候行动计划，《巴黎协定》的每一个缔约方都必须提交一份NDC，每五年更新一次。首轮NDCs提交于2015年《巴黎协定》通过前，自2020年起每五年更新或通报一次。

[2] 发达国家：绝对减排；发展中国家：应该根据自身情况提高减排目标，逐步实现绝对减排或者限排目标；最不发达国家、小岛屿发展中国家及内陆发展中国家：可编制和通报反映它们特殊情况的关于温室气体低排放发展的战略、计划和行动。

表5-1 《巴黎协定》第六条具体内容

条款	具体内容
6.1	缔约方认识到，有些缔约方选择自愿合作执行它们的国家自主贡献，以能够提高它们减缓和适应行动的力度，并促进可持续发展和环境完整性
6.2	缔约方如果在自愿的基础上采取合作方法，并使用国际转让的减缓成果（ITMOs）来实现国家自主贡献，就应促进可持续发展，确保环境完整性和透明度，包括在治理方面，并应依作为本协定缔约方会议的《公约》缔约方会议通过的指导运用稳健的核算，除其他外，确保避免双重核算
6.3	使用国际转让的减缓成果来实现本协定下的国家自主贡献，应是自愿的，并得到参加的缔约方的允许的
6.4	建立一个机制，供缔约方自愿使用，以促进温室气体排放的减缓，支持可持续发展。它应受作为本协定缔约方会议的《公约》缔约方会议指定的一个机构的监督，应旨在: （a）促进减缓温室气体排放，同时促进可持续发展; （b）奖励和便利缔约方授权下的公私实体参与减缓温室气体排放; （c）促进东道缔约方减少排放水平，以便从减缓活动导致的减排中受益，这也可以被另一缔约方用来履行其国家自主贡献; （d）实现全球排放的全面减缓（OMGE）
6.5	从本条第4款所述的机制产生的减排，如果被另一缔约方用作表示其国家自主贡献的实现情况，则不得再被用作表示东道缔约方自主贡献的实现情况
6.6	本协定缔约方会议的《公约》缔约方会议应确保6.4条款所述机制下开展的活动所产生的一部分收益用于负担行政开支，以及援助特别易受气候变化不利影响的发展中国家缔约方支付适应费用
6.7	作为本协定缔约方会议的《公约》缔约方会议应在第一届会议上通过6.4条款所述机制的规则、模式和程序
6.8	缔约方认识到，在可持续发展和消除贫困方面，必须以协调和有效的方式向缔约方提供综合、整体和平衡的非市场方法，包括酌情通过，除其他外，减缓、适应、资金、技术转让和能力建设，以协助执行它们的国家自主贡献。这些方法应旨在: （a）提高减缓和适应力度; （b）加强公私部门参与执行国家自主贡献; （c）创造各种手段和有关体制安排之间协调的机会
6.9	兹确定一个本条第8款提及的可持续发展非市场方法的框架，以推广非市场方法

资料来源：UNFCCC，中节能碳达峰碳中和研究院。

2021年11月结束的格拉斯哥气候大会已就《巴黎协定》规则手册达成一致，其中特别明确了清洁发展机制（CDM）转移至6.4机制的要求。规则手册的达成确保了《巴黎协定》得以全面实施，其中第六条的细则框架在避免双重计算、CDM项目转移等方面取得重要进展。从CDM转移的具体条件来看，在注册项目方面，CDM项目参与者在2023年年底之前向6.4机制秘书处提交转移申请，在2025年年底之前经东道国批准并提交至监督机构；在减排量方面，自2013年1月1日起注册的项目获得的签发量可以转移至6.4机制并认证为2021年前减排量，能且仅能用于履行首次国家自主贡献目标。另外，CDM造林和再造林项目的长期核证减排量（lCERs）和临时核证减排量（tCERs）不可用于国家自主贡献。2022年将对CDM转移的操作细节、6.4机制方法学及机制实施的各类事项进一步审议。各国将于2028年审查6.4机制的规则、模式和程序，不迟于2030年完成。

为支持《巴黎协定》第六条的落实，大量的试点和研究工作正在同步推进，至2021年共设立了21个试点。这些试点重点用于支持和检验第六条的运作原理。我国的河北绿色农业公司作为卖方参与了“碳伙伴关系基金”试点。《巴黎协定》第六条试点发展阶段和涉及的行业情况如图5-1所示。

如果《巴黎协定》第六条有效运行，预计将极大降低全球实现国家自主贡献的成本，并带来巨大的国际碳市场潜力。大量研究与实践表明，国际合作有助于效率的提高，显著降低履约成本。目前，韩国、新西兰、澳大利亚、日本与瑞士等国已表示，有通过购买国际转让

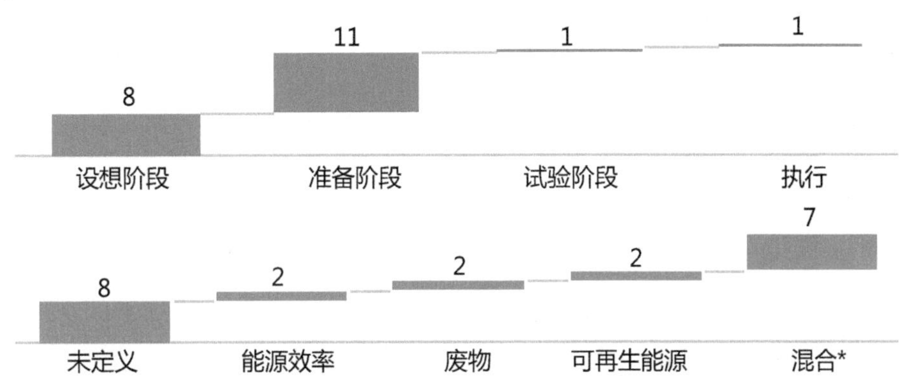

注："混合*"主要包括能效、废弃物和可再生能源项目，其次包括运输、制造、无组织排放、林业、工业气体和农业活动。

资料来源：世界银行，中节能碳达峰碳中和研究院。

图 5-1《巴黎协定》第六条试点发展阶段和涉及的行业情况

的减缓成果（ITMOs）实现国家自主贡献目标的打算。欧盟也致力于推动构建具有环境完整性、高标准及成本效益的第六条下的国际碳信用机制，欧盟的国家自主贡献将以内部减排为根本手段，不依赖于第六条国际碳信用的抵销（但并未拒绝使用的可能性）。国际排放交易协会（IETA）研究发现，到2030年，《巴黎协定》第六条将节省用以履行国家自主贡献的花费约2500亿美元/年，或者在花费不变的前提下增加50%的减排量（约50亿吨/年）。尽管ITMOs转移量会随着国家趋近净零排放而降低，但届时ITMOs 的稀缺性也会促使价格显著增长，根据IETA的预测，到2050年市场总规模预计将超过8000亿美元/年，未来全球碳信用开发、咨询等业务或将迎来巨大的发展新机遇。

（二）独立碳信用机制

独立碳信用机制指由私人和独立的第三方组织（通常是非政府组织）管理，不受任何国家法规或国际条约约束的机制。近年来陆续涌现出许多新的独立碳信用机制，但整体仍以美国碳注册登记处（ACR）、气候行动储备方案（CAR）、黄金标准（GS）和核证碳减排标准（VCS）四大机制为主。独立碳信用机制主要用于组织和个人自愿碳抵销，但也有一些用于强制碳市场的履约，例如ACR、CAR及VCS还是区域碳信用机制加州碳市场履约抵销计划（CCOP）的碳抵销项目登记处（OPR）。

美国碳注册登记处（ACR）是世界上第一个独立自愿碳信用机制，建于1996年，目前支持范围覆盖全球（但特定方法学或有特定范围）。截至2021年年底，ACR累计签发减排量达约2亿吨，其中自愿碳信用（即非CCOP碳信用）0.66亿吨。签发的碳减排量以森林碳汇、碳封存及消除臭氧消耗物质为主。

气候行动储备方案（CAR）的前身是加州气候行动登记处，由加利福尼亚州于2001年创建，目的是通过自愿计算和公开报告排放来应对气候变化。目前CAR已经发展成为北美地区主要的碳信用机制之一，主要用于支持美国境内项目（部分项目类型还允许墨西哥项目注册）。截至2021年年底，CAR累计签发减排量约1.70亿吨，其中自愿碳信用0.68亿吨。签发的碳减排量主要来自加强林业管理、垃圾填埋气减排等。

黄金标准（GS）由世界自然基金会和其他几个非政府组织于2003年组建，其自愿碳信用的支持范围覆盖全球，同时也为清洁发展机制及联合履约提供补充性认证，为高质量碳信用提供简单的认证方法，并且确保其具有真实可靠的环境效益。黄金标准还于2017年实施了全球目标黄金标准的最佳实践标准，确保其碳信用与《巴黎协定》及联合国可持续发展目标一致。截至2021年年底，黄金标准累计签发减排量约1.70亿吨，签发的减排量主要来自可再生能源与炉灶燃料转换项目。

核证碳减排标准（VCS）由气候组织、国际排放交易协会、世界可持续发展商业委员会和世界经济论坛等多个国际组织于2005年建立，目前由Verra管理，是全球当前最活跃的碳信用机制之一，也是减少发展中国家毁林和森林退化所致排放量（REDD+）[1] 与林业碳信用的最大签发者。VCS也通过构建标准的形式积极将碳信用签发与《巴黎协定》目标和联合国可持续发展目标保持一致。例如，VCS针对碳汇项目制定了气候、社区和生物多样性（CCB）标准[2]，获得CCB认证的碳汇项目将拥有更高的价值。截至2021年年底，VCS累计签发自愿减排量约8.34亿吨（其中CCB贴标的减排量约2.59亿吨），另外还签发了约39.62万吨CCOP碳信用，签发的减排量主要来自可再生能源与农业、林业和其他土地利用。

---

[1] REDD+（Reducing Emissions from Deforestation and Forest Degradation in Developing Countries），指减少发展中国家毁林和森林退化所致排放量，并促进森林可持续管理及保护和加强森林碳储量。REDD+ 于 2013 年 12 月华沙大会（即第十九次缔约方会议）上通过，为 REDD+ 活动的实施提供了完整的方法和融资指导。《巴黎协定》第五条也承认 REDD+，缔约方重申鼓励实施 REDD+ 活动，并认为这些活动应成为《巴黎协定》的组成部分。

[2] 气候、社区和生物多样性（CCB）标准，用于识别可同时满足应对气候变化、支持当地社区和小农户及保护生物多样性的项目。

（三）区域碳信用机制

区域碳信用机制通常是由国家或地方政府建立和管理，多数是为本地区强制履约市场建立的抵销机制。据不完全统计，从全球范围来看，2021年有26个已运行的区域碳信用机制。按照大洲划分，美洲地区5个、欧洲地区2个、亚太地区19个。按照行政层级划分，可分为9个国家级（中国、澳大利亚、瑞士、泰国、日本、韩国、西班牙、哈萨克斯坦、哥伦比亚）、1个由国家主导的区域级（联合信用机制）及16个地方级（北京市3个、重庆市1个、广东省1个、福建省1个、河北省1个、四川成都1个、台湾省1个、加州1个、魁北克1个、阿尔伯塔1个、英属哥伦比亚1个、东京1个、琦玉2个）。全球主要碳信用机制概况请见附录二。

二、国际强制碳抵销机制概况

2021年，国际民航组织（ICAO）启动了首个世界级行业强制碳减排市场——国际航空碳抵销和减排计划（CORSIA）[1]。国际航空碳抵销和减排计划是一种促进国际航空碳减排的市场化手段，与可持续航空燃料、航空器技术、运行改善等共同组成国际民航组织碳减排的一揽子措施，以使国际航空的碳排放量自2020年起保持在同一水平（即2020年

---

[1] 在国际气候谈判达成的协议（《公约》《京都议定书》《巴黎协定》）中，各缔约方承诺的目标均为其区域内的排放，而国际航空与海运并没有包括在内——这两部分排放分别由国际民航组织（ICAO）和国际海事组织（IMO）负责。2021 年，ICAO 启动了国际航空碳抵销和减排计划（CORSIA）。而国际海运现阶段以采取强制减排措施为主，尚未采取碳定价措施，目标到 2050 年将总体碳排放降低到 2008 年水平的一半。IMO 考虑将碳定价机制作为中期计划的一部分，但欧盟碳市场计划将海运纳入碳市场（详见第六章）或将促使 IMO 加快将碳定价措施提上日程。

以来碳排放增长中和）。

CORSIA以三年为一个履约周期，试行阶段和第一阶段自愿参加，自第二阶段（2027—2035年）起，除满足豁免条件外的国家均需参加。截至2020年年初，已有82个国家和地区自愿加入，覆盖全球航空业77%的碳排放量。CORSIA规定，若超过基准线排放，运营商需要购买碳信用以抵销超出部分的排放；若低于基准线排放，则无须抵销，但不能顺延至下一个周期，并且如果CORSIA覆盖的全球排放量高于基准排放量，运营商仍将面临抵销要求。受新冠肺炎疫情影响，国际民航组织将试行阶段（2021—2023年）的基准线由原先设定的2019年至2020年平均排放量调整为2019年排放量。专家称，即使是在最乐观的复飞情况下，航空公司在试行阶段也可能无须承担额外的履约义务。CORSIA各阶段计划如表5-2所示，国际航空碳排放减缓措施贡献情况如图5-2所示。

表5-2 CORSIA各阶段计划

阶段	参与形式	基准线设定
试行阶段（2021—2023年）	各国自愿参与	以2019年排放量为基准，或者使用2021年至2023年某给定年份的排放量
第一阶段（2024—2026年）	各国自愿参与	基于2024年至2026年某给定年份的排放量
第二阶段（2027—2035年）	在2018年国际航空活动中个体份额超过总活动的0.5%，或者累积份额达到总活动90%的所有国家需要参与，排除最不发达国家、小岛屿发展中国家及内陆发展中国家（除非自愿参与）	—

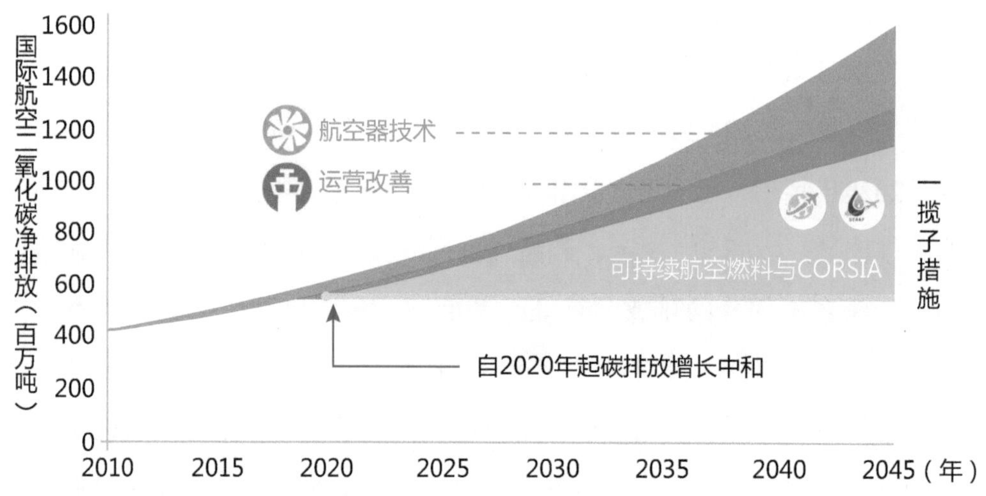

资料来源：ICAO，中节能碳达峰碳中和研究院。

图5-2　国际航空碳排放减缓措施贡献情况

目前，CORSIA在试行阶段共认可八个碳信用机制，我国温室气体自愿减排交易机制是其中之一。基于CORSIA排放单位资格准则，经ICAO技术咨询机构评估并批准可为CORSIA提供合格排放单位的八个机制分别是美国碳注册登记处（ACR）、REDD+交易机构（ART）、中国温室气体自愿减排交易机制、清洁发展机制（CDM）、气候行动储备方案（CAR）、国际碳理事会（GCC）、黄金标准（GS）和核证碳减排标准（VCS）。ICAO于2021年3月发布CORSIA合格减排单位文件，明确了八个机制允许用以CORSIA抵销的项目类型，并且要求试行阶段可使用的项目和活动的减排量必须发生在2016年1月1日至2020年12月31日。

对我国温室气体自愿减排交易机制而言，根据ICAO，除表5-3的项目类型外，其他项目可用于CORSIA 2021年至2023年履约周期的碳抵销。根据美国环保协会（EDF）对公开资料的统计，已备案签发的中国核证自愿减排量（CCERs）中没有符合CORSIA要求的减排量；已备案但未签发减排量的1047个项目中，有861个项目公示了项目文件，其中有70个项目第一计入期开始于2016年1月1日或之后，如果按照项目设计文件中的相关信息计算，这些项目到2020年12月31日将产生总计4000多万吨的减排量。另外，ICAO技术咨询机构于2020年1月发布合格排放单位建议，在认可我国温室气体自愿减排交易机制符合CORSIA排放单位标准的同时，也在额外性证明、避免双重计算、提交东道国证明指导方针相关程序的更新以延长合格日期等方面提出了相关建议。

表5-3 不纳入CORSIA抵销范围的CCER项目类型

序号	项目类型
1	造林和再造林
2	碳捕集、利用与封存（CCUS）
3	己内酰胺、硝酸和己二酸工厂N_2O排放的管理和减少
4	管理农业经营以减少排放
5	施肥管理
6	减少半导体制造中使用的氟化气体排放
7	缓解用作制冷剂和发泡剂的氢氟烃（HFC）排放
8	缓解电气设备中用作绝缘气体的SF_6排放
9	制冷剂气体HCFC-22的生产

资料来源：ICAO，中节能碳达峰碳中和研究院。

三、市场情况

（一）减排量签发情况

截至2021年年底，全球累计签发减排量超过47.55亿吨，注册项目数量约2万个[1]。全球碳信用签发量的高峰年仍然是2012年，即《京都议定书》第一承诺期的收官年，受清洁发展机制、联合履约的带动，全球碳信用签发量达到顶峰。自2013年起，因市场供给过剩、需求下降、碳价下跌，全球碳信用签发量大幅下跌。随着近几年新一轮气候行动的加强，2019年至2021年全球碳信用签发量出现持续回升，2021年新增签发减排量超4.72亿吨，同比增长45%，新增注册项目超过1000个。2002—2021年全球主要碳信用机制年度签发减排量变化情况如图5-3所示。

分机制看，核证碳减排标准（VCS）最为活跃，2021年度签发减排量占全球的比重超过60%，其次是清洁发展机制（CDM）、黄金标准（GS）。核证碳减排标准2021年签发减排量达2.95亿吨，占全球年度总量约63%，且增长势头强劲，同比增长110%，截至2021年年底，累计签发减排量达8.34亿吨，位列全球第三，仅次于清洁发展机制和联合履约。尽管清洁发展机制在格拉斯哥气候大会前前途尚不明朗，但其在2021年仍表现出极强的韧性，年度签发减排量8068.78万吨，仅次于核证碳减排标准，同比增长32%；累计签发减排量达21.49亿吨，目前仍是全球第一。黄金标准的年度新增签发量位列第三，达4378.50万吨，同比增

[1] 由于存在重复注册现象，例如同一项目注册于不同碳信用机制，故该数据不代表实际项目数量。

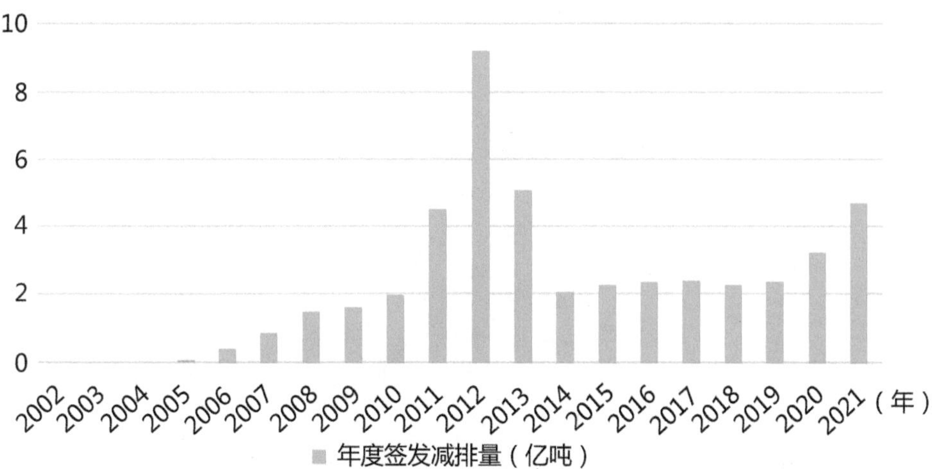

资料来源：各机制官网，中节能碳达峰碳中和研究院，囊括全球目前主要的碳信用机制（清洁发展机制、联合履约、四大独立碳信用机制以及中国、澳大利亚、韩国、瑞士、泰国、加州、魁北克、阿尔伯塔、日本J-Credit计划、联合信用机制、广东碳普惠、福建林业碳汇、区域温室气体倡议等区域碳信用机制），仅用于趋势展示。

图5-3　2002—2021年全球主要碳信用机制年度签发减排量变化情况

长27%。另外，区域碳信用机制中加州碳市场履约抵销计划（CCOP）、澳大利亚减排基金（ERF）等在2021年也分别签发了超过1000万吨的减排量。2021年全球碳信用机制新增签发减排量情况如图5-4所示。

（二）自愿碳市场交易情况

在行业企业、组织积极开展碳中和行动的带动下，全球自愿碳市场交易涨势强劲，2021年成交额超过10亿美元，创下历史新高。为应对低碳时代竞争，更好履行社会责任等，近年来国际企业、大型活动等纷纷

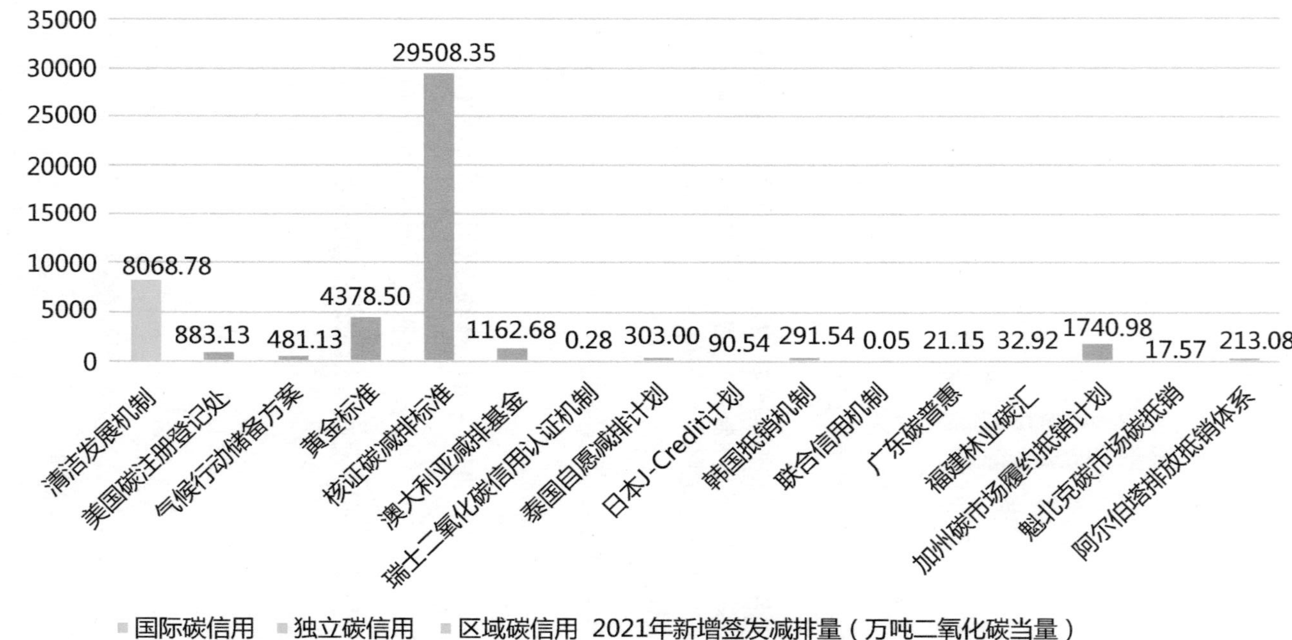

资料来源：各机制官网，中节能碳达峰碳中和研究院，澳大利亚减排基金数据为2021—2022财政年度数据。

图5-4　2021年全球碳信用机制新增签发减排量情况

实施净零排放战略，大部分都将碳抵销作为重要手段之一，因而带动自愿碳市场迅速发展。截至2021年11月9日，全球自愿碳市场累计成交量近18亿吨，累计成交额达70亿美元。2021年1月至11月9日，全球自愿碳市场已成交2.98亿吨，成交额超过10亿美元，分别较2020年增长59%、113%；平均碳价由2020年的2.52美元/吨升至2021年的3.37美元/吨（截至11月9日），折合人民币约21.29元/吨。自愿碳信用买家大多来自能源、消费品和金融行业企业。全球自愿碳市场历年成交规模变化情况如图5-5所示。

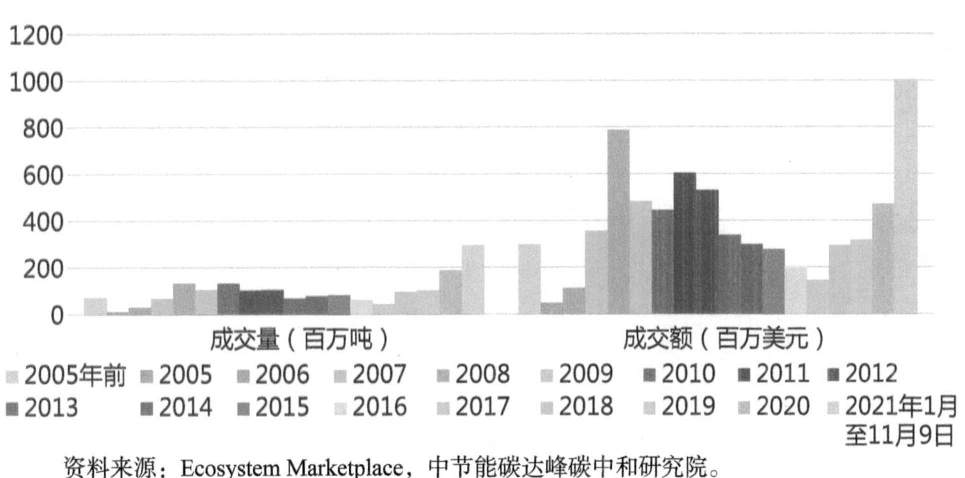

资料来源：Ecosystem Marketplace，中节能碳达峰碳中和研究院。

图5-5　全球自愿碳市场历年成交规模变化情况

分类型看，林业与土地利用、可再生能源项目占据主导地位。2021年（截至8月底），在全球自愿碳市场中，林业与土地利用类成交量和成交额均为第一，分别达到1.15亿吨、5.44亿美元（约34.37亿元人民币），成交量创历史新高，均价为4.73美元/吨，与2020年相比下降16%；可再生能源类项目次之，成交量、成交额分别为0.80亿吨、0.88亿美元，均价为1.10美元/吨，与2020年相比提升26%。2021年（截至8月底）全球自愿碳市场分类型交易情况如图5-6所示。从交易数据看，买方对REDD+项目展现出极高的兴趣，2021年成交的REDD+减排量急剧上升，其中避免计划外森林砍伐项目类型同比增长166%，避免计划森林砍伐同比增长972%。全球自愿碳市场主要类型交易变化情况（2019—2021年）如图5-7所示。

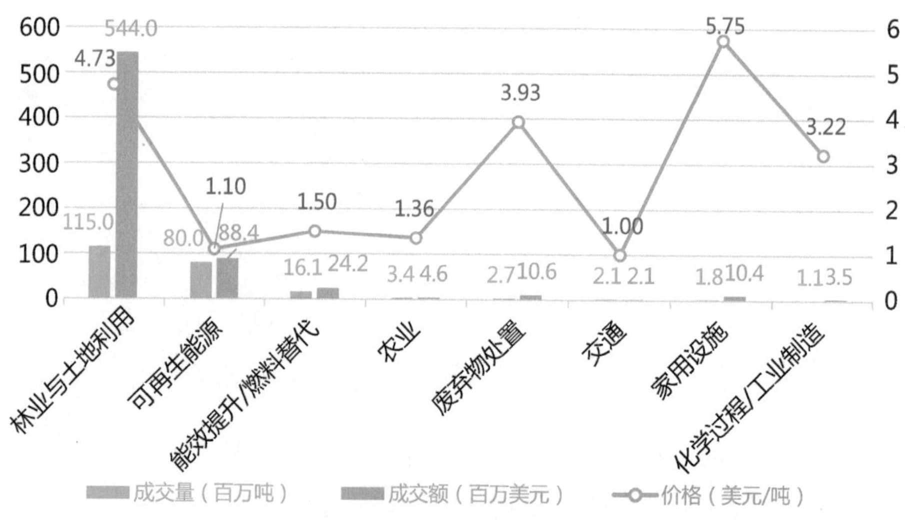

资料来源：Ecosystem Marketplace，中节能碳达峰碳中和研究院。

图5-6　2021年1月至8月全球自愿碳市场分类型交易情况

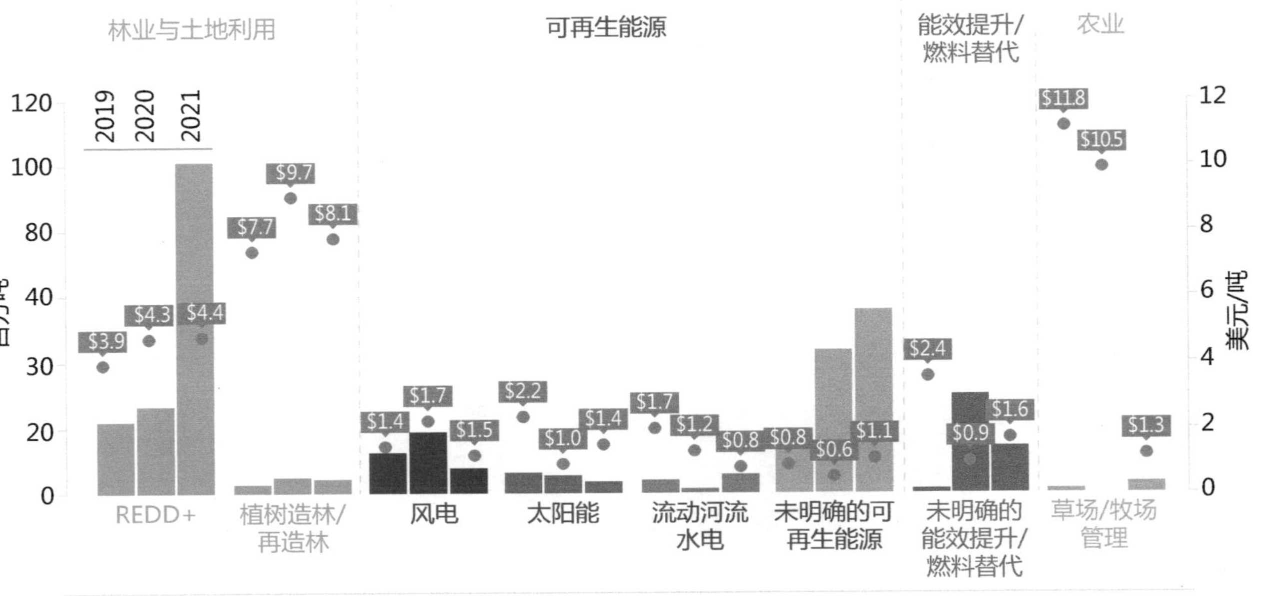

资料来源：Ecosystem Marketplace，中节能碳达峰碳中和研究院，其中2021年的数据为截至8月的数据。

图5-7　全球自愿碳市场主要类型交易变化情况（2019—2021年）

第六章 典型碳市场研究——欧盟碳市场

作为世界上第一个多国参与的碳排放交易体系，同时也是占据全球约80%～90%交易规模的碳市场，欧盟碳市场既是欧盟气候战略的基石，也是当前全球影响力最大的碳市场，为全球碳减排目标的实现做出了巨大贡献。当然，欧盟碳市场的发展并非一蹴而就，而是循序渐进、不断完善的。

一、欧盟碳市场分阶段部署情况

（一）总体情况

欧盟碳市场的政策框架主要基于欧盟于2003年发布并生效的《关于构建欧盟温室气体排放配额交易体系的指令》（指令2003/87/EC）构建，该指令后经十余次修订完善，以持续确保符合欧盟气候战略及碳市场发展目标。另外，欧盟发布多项关于碳市场注册登记、配额拍卖方案、碳抵销等的指令、条例与决议，这一系列法规确定了欧盟碳市场的制度安排与设计。

欧盟碳市场于2005年启动，2021年已进入第四阶段，在一系列改革的支持下正逐步发展成熟。欧盟碳市场于2005年1月1日启动了为期三年的试行期，该阶段主要为“边做边学”，初期覆盖发电、能源密集型产业的二氧化碳排放，由欧盟各国自主确定总量与配额分配方案并提交国家分配计划（NAPs）至欧盟委员会进行评估，配额几乎全部采取免费分配。由于缺少碳排放数据基础，第一阶段配额总量根据估算确定，导致市场配额供给远大于需求（第一阶段的配额无法转入第二阶段使用）。

在此基础上，欧盟碳市场于2008年进入第二阶段，该阶段与《京都议定书》第一承诺期相吻合，碳市场有力支撑了欧盟履行其减排目标，除允许配额跨阶段使用、正式引入碳抵销、提高惩罚标准、覆盖气体类型拓展至氧化亚氮（硝酸、己二酸、乙醛酸和乙二醛生产）等外，该阶段与第一阶段设计大体一致。另外，2012年航空业被纳入欧盟碳市场。受经济危机、绿电发展超出预期等影响，该阶段配额过剩较严重。

2013年，欧盟碳市场进入第三阶段，为改善配额过剩、碳价低迷等状况，确保碳市场运行效果，欧盟在该阶段采取了一系列改革措施：取消国家分配计划，采取总量控制的形式以统一管理欧盟范围内的碳配额量；设置逐年折减机制，年度配额线性折减率为1.74%；发电行业取消免费配额，实行100%配额拍卖，工业企业2013年配额拍卖比例为20%，至2020年提高至70%；存在碳泄漏威胁的工业部门及供热部门配额全部免费发放。并且，欧盟碳市场于2019年启动市场稳定储备机制（MSR）以平衡供需，取得较好效果。欧盟碳市场在该阶段还纳入了碳捕集与封存、铝生产等行业，气体类型扩大至全氟化碳（原铝生产）。

2021年，欧盟碳市场进入第四阶段。进一步收紧碳配额供应，年度线性折减率由1.74%提升至2.2%，并计划到2030年，除集中供热外，其他经济部门全面取消免费配额，同时，继续实行市场稳定储备机制；取消国际碳信用抵销；地域方面，尽管英国受脱欧影响于2021年退出欧盟碳市场，但由于北爱尔兰与爱尔兰共和国建立综合单一电力市场，北爱尔兰发电设施的碳排放仍参与欧盟碳市场第四阶段的履约。此外，欧盟于2020年加强了其2030年气候目标，并于2021年7月提出“Fit for 55”减排一揽子方案，其中提出一系列碳市场改革新举措，目前正在立法进程中，一旦实施，预计将进一步加剧碳配额供应紧张的形势。

2005—2030年欧盟碳市场配额总量设定情况见图6-1。欧盟碳市场各阶段部署如表6-1所示。

（二）“Fit for 55”减排一揽子方案

2019年12月，欧盟发布绿色新政，旨在让欧盟转型成为一个绿色、公平、繁荣且拥有现代化和竞争性经济的社会，其最终目标是到2050年实现气候中性。2020年12月，欧盟加强了其2030年的气候目标，将温室气体减排比例从此前的“较1990年减少至少40%”提升至“至少55%”。为保障新气候目标如期实现，2021年7月14日，欧盟委员会公布了其绿色新政的最新核心政策——“Fit for 55”减排一揽子方案，其中包括扩大欧盟碳市场、停止销售燃油车、征收航空燃油税、扩大可再生能源占比、设立碳边境调节机制等12项新法案提案。据报道，欧盟委员会内部、各成员国之间、欧洲议会内部仍有不小的分歧，同时传统行业也将加紧对政府的游说，因此预计到2023年一揽子方案才能正式获批，2024年正式实施。

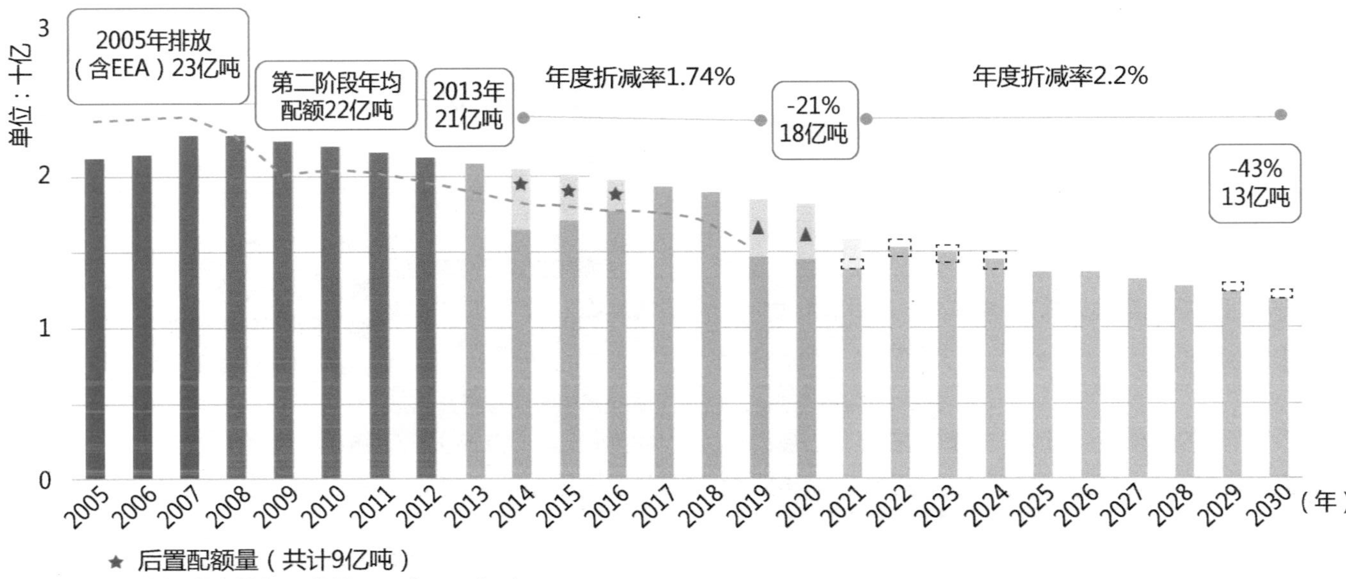

资料来源：欧盟委员会 COM（2020）740-Report on the functioning of the European Carbon Market，中节能碳达峰碳中和研究院。

图6-1　2005—2030年欧盟碳市场配额总量设定情况

表6-1　欧盟碳市场各阶段部署

分类	第一阶段（2005年1月1日至2007年12月31日）："边做边学"阶段	第二阶段（2008年1月1日至2012年12月31日）：履行《京都议定书》第一承诺期目标阶段	第三阶段（2013年1月1日至2020年12月31日）：改革期	第四阶段（2021年1月1日至2030年12月31日）
覆盖国家	欧盟25个成员国	欧盟27个成员国（罗马尼亚和保加利亚加入）、冰岛、列支敦士登、挪威（即EEA覆盖但非欧盟成员国的3个欧洲经济区地区）	欧盟28个成员国（克罗地亚加入）、冰岛、列支敦士登、挪威。2020年1月1日与瑞士碳市场建立连接	欧盟27个成员国（英国因脱欧2021年退出欧盟碳市场）、冰岛、列支敦士登、挪威、北爱尔兰（仅发电设施）
覆盖行业	发电行业、能源密集型产业（包括炼油、焦炉、钢铁、建材和造纸等）	自2012年起，航空业被纳入体系（各成员国可单方面扩大行业或温室气体范围，但要经过欧盟委员会批准）	发电行业、能源密集型产业（新增碳捕集和封存设施、石化生产、铝等），航空业被正式纳入，并设立独立交易标的	发电行业、能源密集型产业和航空业
纳入门槛	总额定热输入20MW以上的燃料燃烧设施（危废、生活垃圾焚烧除外），工业部门各有相应阈值	航空：商业航空1万吨/年，非商业航空1000吨/年	原则上必须参加，个别部门有门槛。参与国可以在一定可替换的同等措施的前提下，排除碳排放低于2.5万吨/年的设施	只能排除前三年排放量低于2500吨/年的设施
纳入气体	CO_2	CO_2、N_2O（硝酸、己二酸、乙醛酸和乙二醛生产）	CO_2、N_2O（硝酸、己二酸、乙醛酸和乙二醛生产）、PFCs（原铝生产）	无变化
履约截止	次年4月底			

续表

分类	第一阶段（2005年1月1日至2007年12月31日）："边做边学"阶段	第二阶段（2008年1月1日至2012年12月31日）：履行《京都议定书》第一承诺期目标阶段	第三阶段（2013年1月1日至2020年12月31日）：改革期	第四阶段（2021年1月1日至2030年12月31日）
总量设定（亿吨/年）	22.99	20.81	2013年为20.84亿吨/年，之后每年线性折减率为1.74%	2021年固定设施配额为15.72亿吨，年度线性折减率提升至2.2%；航空配额为2450万吨，逐年递减2.2%
配额拍卖比例	最多5%	最多10%	发电行业100%拍卖；工业企业2013年拍卖20%，至2020年提高至70%；存在碳泄漏威胁的工业部门及供热部门全部为免费配额。据欧委会估计，共有57%的总配额量将在该阶段推出拍卖	57%用于拍卖，计划到2030年，除集中供热外，其他经济部门的免费分配将完全停止
配额分配方法	欧盟成员国以自下而上的方式制定各自限额（即国家分配计划，NAPs），提交至欧盟委员会汇总及评估是否满足欧盟气候目标	采取NAPs的方式	改革碳排放配额确定方法，取消NAPs，采取欧盟总量控制的形式统一分配（EU-wide cap）。工业部门的免费配额采用基准线法确定，通过欧盟、欧洲经济区-欧洲自由贸易联盟温室气体排放表现最好的10%确定基准线	仍采取总量控制的分配方式

续表

分类	第一阶段（2005年1月1日至2007年12月31日）："边做边学"阶段	第二阶段（2008年1月1日至2012年12月31日）：履行《京都议定书》第一承诺期目标阶段	第三阶段（2013年1月1日至2020年12月31日）：改革期	第四阶段（2021年1月1日至2030年12月31日）
交易产品	欧盟碳配额（EUAs）	EUAs、核证减排量(CERs)、减排单位(ERUs)[1]	EUAs、CERs、ERUs	EUAs
抵销要求	支持使用清洁发展机制（CDM）、联合履约（JI）项目，且无限制	支持CDM、JI项目，限制土地利用、土地利用变化与林业（LULUCF）[2]、核电项目及超过20MW的大型水电项目（某些特定情景下的水电项目除外）	自2013年起产生的国际碳信用需要来自最不发达国家；其他国家2012年年底前注册实施的CDM、JI项目仍然支持。另外新增对工业气体（HFC-23和N_2O消除）的不支持	第四阶段不支持使用国际碳信用抵销，待《巴黎协定》第六条建立
实际抵销	实际无碳抵销使用	● 2008—2020年整体合计抵销额度不能超过同时期的减排量，成员国自行规定，且不能超过总配额的13.5% ● 该阶段实际使用的碳信用总量上限为该时期欧盟碳市场减排量的50%，约16亿吨		—
配额跨阶段	不允许	允许	允许	允许

[1] 核证减排量（CERs）、减排单位（ERUs）分别是清洁发展机制（CDM）、联合履约（JI）的减排量产品。

[2] 土地利用、土地利用变化与林业（LULUCF），是指人为利用土地、改变土地利用方式和开展森林活动及管理从而产生的碳排放源与碳吸收汇相抵消后产生的净效应。

续表

分类	第一阶段（2005年1月1日至2007年12月31日）："边做边学"阶段	第二阶段（2008年1月1日至2012年12月31日）：履行《京都议定书》第一承诺期目标阶段	第三阶段（2013年1月1日至2020年12月31日）：改革期	第四阶段（2021年1月1日至2030年12月31日）
配额盈余	—	至2012年年初，存在9.55亿吨配额盈余（4.06亿吨配额，5.49亿吨国际信用）	2018年年底有16.5亿吨过剩配额，2019年实行市场稳定储备机制后过剩量明显下降至13.85亿吨	—
重要机制	—	—	2019年年初实施市场稳定储备机制以平衡市场供需——欧盟委员会每年发布市场流通配额通信，当市场中流通的配额量超过8.33亿，将有12%的配额被吸收进市场稳定储备；如果低于4亿，将有部分配额从市场稳定储备中释放。2019—2023年，即市场稳定储备机制实施的前五年，将吸收率暂时由12%提升至24%	继续加强市场稳定储备机制。自2023年起，市场稳定储备中超过上一年拍卖量的配额将失效。 通过专门的融资机制——创新基金和现代化基金，协助低收入成员国工业和电力部门面对低碳转型的创新和投资挑战
惩罚力度	超额排放部分将处以40欧元/吨的罚款，且次年配额发放时要扣除超标量	100欧元/吨，且次年配额发放时要扣除超标量	罚款将根据欧洲消费者价格指数增加	无变化

1. 欧盟碳市场新的改革计划

根据“Fit for 55”减排一揽子方案，欧盟碳市场计划将在以下方面做出调整。

一是计划将配额总量年度线性折减率由原定的2.2%提升至4.2%。至第三阶段结束，欧盟碳市场所覆盖的发电及能源密集型产业已较2005年减排约43%。为实现总体较1990年减排55%的目标，“Fit for 55”减排一揽子方案计划推动欧盟碳市场覆盖行业到2030年实现较2005年减排61%。为实现以上目标，总量上限计划将一次性减少1.17亿吨配额，在此基础上，年度线性折减率计划由原定的2.2%提升至4.2%。另外，欧盟碳市场还计划逐年减少航空业免费配额的发放，到2027年实现全部拍卖。

二是计划将覆盖范围拓展至海运、道路交通与建筑燃料。欧盟委员会计划将海运、道路交通与建筑燃料等需要进一步加大减排力度的部门纳入碳市场。其中：海运计划将被纳入现有碳市场体系；而道路交通与建筑因使用燃料产生的排放计划将于2026年起被单独纳入一个新的碳市场，该碳市场要求上游燃料供应商参与（而非消费端住户或道路交通使用者参与），以推进供应商开展燃料脱碳革命。

三是计划将加强市场稳定储备机制。“Fit for 55”减排一揽子方案提出，将按目前的吸收率继续执行市场稳定储备机制，以尽快吸收碳市场中的过剩配额，确保欧盟碳市场的稳定运行。2019年至2023年，欧盟将吸收率由12%提升至24%；从2024年起恢复为12%的吸收率。

四是计划进一步调整碳市场造成的不平衡。伴随着未来道路交通与建筑燃料碳市场的启动，欧盟计划设立社会气候基金（Social Climate

Fund）用于支持因排放交易延伸到建筑和运输而受到影响的中低收入家庭、运输用户和微型企业，2025年至2032年以当前价格为欧盟预算提供722亿欧元，数量原则上相当于新碳市场预期收入的25%。现代化基金的支持也取决于碳市场价格，但该基金将得到额外的1.92亿配额的支持。另外，碳市场配额拍卖的1/10的收入将在成员国之间重新分配，以减少系统性不均衡的情况。

2. 碳边境调节机制（CBAM）

出于对碳泄漏的关注，欧盟自2005年启动碳排放权交易起便开始关注碳关税。近年来，随着欧盟气候政策逐渐收严，碳关税逐步走向现实[1]。2019年年底，欧盟发布绿色新政，正式将碳边境调节机制（即欧盟碳关税）列为核心内容之一。2021年3月10日，欧洲议会通过碳边境调节机制议案。2021年7月14日，欧盟委员会在“Fit for 55”减排一揽子方案中发布碳边境调节机制条例草案细则。2022年3月15日，欧盟碳边境调节机制条例草案在欧盟理事会获得通过。

欧盟碳边境调节机制（EU CBAM）将平行于欧盟碳市场（EU ETS）建立单独的交易体系，通过证书购买的方式对碳排放密集型进口产品征收碳关税，化解碳泄漏风险。根据“Fit for 55”公布的条例草案，欧盟碳关税初期覆盖水泥、钢铁、铝、化肥、电力五个行业进口产品的直接

[1] 过去，欧盟碳市场对存在碳泄漏威胁的工业行业采取免费配额分配（相比之下，发电行业于2013年实行100%配额拍卖），并且发放补贴以补偿因电力参与碳市场而带来的电价提升导致的损失。但随着欧盟于2020年加强其气候目标，若继续这一政策，将削弱欧盟碳市场的价格信号与减排力度。为避免削弱欧盟有关产业的竞争力，欧盟开始落实碳关税，如法国总统马克龙所说，“在驱动所有行业绿色转型的同时，欧洲企业不能成为减排努力的受害者”。

排放，计划自2023年起实施，2023年至2025年为过渡期，仅报告碳排放无须支付费用，自2026年起正式征收碳边境调节费。此外，欧盟计划待正式启动后，在对过渡期运行情况评估的基础上，将考虑增加更多的产品和服务及电力等间接排放。据估计，欧盟碳关税一经实施，每年将带来40亿~150亿欧元的收入。欧盟碳边境调节机制（EU CBAM）设计情况如表6-2所示。

表6-2　欧盟碳边境调节机制（EU CBAM）设计情况

时间阶段	2023—2025年：过渡期	2026年起：正式启动
工作要求	仅报告碳排放	正式支付碳边境调节费用
覆盖范围	水泥、钢铁、铝、化肥、电力五个行业的直接排放	在过渡期结束时，欧盟委员会将在评估过渡期运行效果的基础上，考虑增加更多的产品和服务，包括价值链排放及间接排放（产品生产使用的电力产生的排放）
覆盖温室气体	CO_2、N_2O、PFCs	
交易方式	将在欧盟碳市场外为CBAM设定专门的交易池，进口商需从中购买CBAM证书用以清缴排放量。一个CBAM证书对应一吨碳排放	
价格设定	欧盟委员会按照每个日历周欧盟碳市场配额在共同拍卖平台上收盘价的平均值计算CBAM证书价格。对于那些在共同拍卖平台上没有拍卖计划的日历周，CBAM证书的价格则是在共同拍卖平台上进行拍卖的上周欧盟碳市场配额收盘价的平均值	
金钱用途	目前方案中，碳关税所得收入将由欧盟决定如何使用。而欧盟委员会在方案中对资金的使用并未体现“共同但有区别责任”原则	
豁免条件	原则上，该机制覆盖所有非欧盟国家，除参加了欧盟碳市场或者与欧盟碳市场存在碳交易系统连接的国家，如欧洲经济区、瑞士。此前欧洲议会强调应给予最不发达国家和小岛屿发展中国家特殊待遇，但这一点在“Fit for 55”减排一揽子方案中并未体现	

资料来源：European Commission等，中节能碳达峰碳中和研究院。

与欧盟委员会发布的"Fit for 55"减排一揽子方案相比，欧盟理事会在2022年3月15日通过的版本中选择对欧盟碳关税采取更加集中化的管理以提升运行效率，例如碳关税申报人（进口商）的注册将集中在欧盟层面统一处理。同时，欧盟理事会还计划免除价值低于150欧元货物的碳关税，向欧盟运送的货物中约1/3属于这一类别。

尽管草案已获得欧盟理事会的通过，但核心争议问题仍然未能得到解决，主要包括：一是碳关税的收入分配方案，欧盟理事会计划在2022年7月1日前审议欧盟委员会关于将碳关税收入纳入自有资源的提案；二是欧盟碳市场取消碳关税所涵盖行业的免费配额的时间表；三是如何处理欧盟有关产品在出口时的碳成本退税等。另外，欧盟理事会认识到加强与第三国合作的重要性，考虑建立与欧盟碳关税并行的"气候俱乐部"，并通过它与其他国家和地区共同讨论碳定价政策。一旦理事会取得足够进展，理事会将在欧洲议会就其立场达成一致后，开始与欧洲议会进行谈判。

事实上，欧盟碳边境调节机制在欧盟内部、外部仍面临较大阻力，能否落地实施尚存不确定性。欧盟内部因发展水平、产品消费结构、能源转型水平的差异，对碳关税的看法存在较大分歧，部分反对方认为碳关税将严重增加经济负担，部分成员担心遭受来自其他国家的报复性措施，还有成员对碳关税机制设计的复杂性及能否合理设定碳排放基准与计算碳强度等表示关切，目前仍在享受免费配额的涉及碳泄漏问题的部分行业企业也反对削减免费配额。从欧盟外部看：一方面，碳关税在世界贸易组织（WTO）合规性、《公约》"共区"原则一致性等方面存在争议，遭到多国反对，如中国、巴西、俄罗斯、印度、南非、澳大利亚等，美国气候特使约翰·克里也曾对欧盟碳关税“极为担忧”（其态度很快就发生转变，并在2021年年底访问欧洲时表示“碳关税是正当方法”）；另一方面，受欧盟碳关税影响，美国、英国、加拿大、日本等国家也正考虑实施碳关税。例如，美国在欧盟提出碳关税草案不久后，于2021年7月19日提出《公平、可负担、创新和有弹性的过渡和竞争法》草案，建议自2024年起对进口的石油、天然气、煤等化石燃料及铝、钢铁、水泥及上述产品成分占50%以上的其他产品征收边境碳调节（BCA）费用，覆盖范围除直接排放还包括间接排放。与欧盟碳关税草案相比，美国提出的草案覆盖范围更广，贸易保护主义色彩更重，且由于美国并未建立国家级碳定价机制，其面临的实施阻碍更大。另外，一些研究结果也表明，欧盟碳关税对减排贡献有限，反而是在迫使其他国家的应对气候变化力度向欧盟看齐。例如，联合国贸易和发展会议（UNCTAD）分析，欧盟碳措施积极影响主要来自其内部碳定价——当欧盟碳价达44美元/吨时可减少其13%的排放，达88美元/吨时可减少21%，而碳关税的引入仅额外减少0.8%~1.3%。根据德国智库Bertelsmann Stiftung的估计，欧盟碳关税仅能让全球碳排放总量额外减少0.2%。

因此，待解决的三个核心争议问题及国际协调的解决方案成为决定欧盟碳关税能否得以实施的核心关键。2022年上半年正逢欧盟碳关税的主要拥护者——法国担任欧盟轮值主席国，法国总统马克龙表示，要在此期间推动欧盟碳关税立法通过。预计在法国的积极推动下，欧盟碳关税提案得以实施的可能性较大。

二、欧盟碳市场实际运行情况

欧盟碳市场的碳价曾在2007年暴跌至近乎为零，后受两次经济危机、配额过剩等影响市场长期低迷，2012年至2017年碳价保持在10欧元/吨以下。2005年，即欧盟碳市场运行初期，碳价保持在每吨20欧元至30欧元，2006年迎来第一次暴跌，主要是由于欧盟发布的《2005年排放报告》显示配额存有大量剩余，削弱了市场预期。随着欧盟2006年下半年明确第一阶段的配额不能在第二阶段使用后，碳价再次暴跌，2007年碳价近乎为零。2008年欧盟碳市场进入第二阶段，碳价回调至20欧元/吨以上，但随即国际金融危机爆发，受此影响欧盟碳价迎来第三次大幅下跌。此后欧洲经济恢复缓慢，碳价整体回升不明显。2011年，受欧债危机影响，欧盟碳价再次下跌，2012年年底跌至5欧元/吨左右。在第三阶段的前半段（2013年至2017年），欧盟碳价长期保持在10欧元/吨以内，而且市场出现大量过剩配额。

受欧盟碳市场改革带动，碳价2018年进入波动上升期，2021年受配额紧缩与能源价格上涨的影响更是屡创历史新高，年度均价约53.65欧元/吨。2015年，欧盟通过了关于欧盟碳市场实施市场稳定储备机制的决议，定于2018年建立机制并自2019年起实施，以收紧过剩的配额供给，解决历史性配额供应过剩问题。受此带动，欧盟碳市场配额碳价自2018年上涨，从2018年年初的10欧元/吨以内升至年底的20欧元/吨以上，2018年度均价达约16.12欧元/吨。至2018年年底，欧盟碳市场存在16.5亿吨过剩配额。2019年1月1日，欧盟碳市场正式启动市场稳定储备机制，2019年度均价升至24.90欧元/吨，较2018年增长了8.78欧元/吨，过剩配额量下降至13.85亿吨。2020年年初，欧盟碳配额开盘于24.64欧元/吨，虽然上半年受新冠肺炎疫情影响碳价下跌，但在欧盟实施绿色新政及新的气候目标的激励下，碳价逐渐回升，年底收盘于32.72欧元/吨，年度均价达24.83欧元/吨。进入2021年，由于配额持续收紧、天然气等能源价格及电价暴涨等，欧盟碳价自年初的32.72欧元/吨持续攀升，屡创历史新高，12年8月更是创下90.75欧元/吨的历史最高，直至年底收盘，欧盟碳价持续保持在80欧元/吨以上，年度均价达53.65欧元/吨。2005年至2022年4月1日，欧洲碳排放配额期货结算价格变化情况如图6-2所示。

三、其他相关碳价机制近况 [1]

1. 英国碳市场（UK ETS）

2020年1月31日，英国正式脱欧。受此影响，英国2021年退出欧盟碳市场（北爱尔兰发电设施除外）并启动本国碳市场（履约企业仍需在4月底前完成欧盟碳市场2020年度履约）。英国碳市场的设计要素与欧盟碳市场第四阶段的设计基本一致。2021年，英国计划发放3910万吨免费碳配额，但与原定计划相比，英国削减了部分重工业企业的免费配额（占原定配额总量的1/3）。2021年5月19日，英国碳市场在洲际交易所（ICE）启动首次配额拍卖，首日便以43.99英镑/吨的价格出售了605.2万吨的配额，出售金额达约2.66亿英镑。英国碳市场的价格走势与欧盟碳市场基本保持一致，开市初期价格水平稍低于欧盟碳市场，2021年8

[1] 本节主要介绍与欧盟碳市场相关的，且是2021年的最新情况。

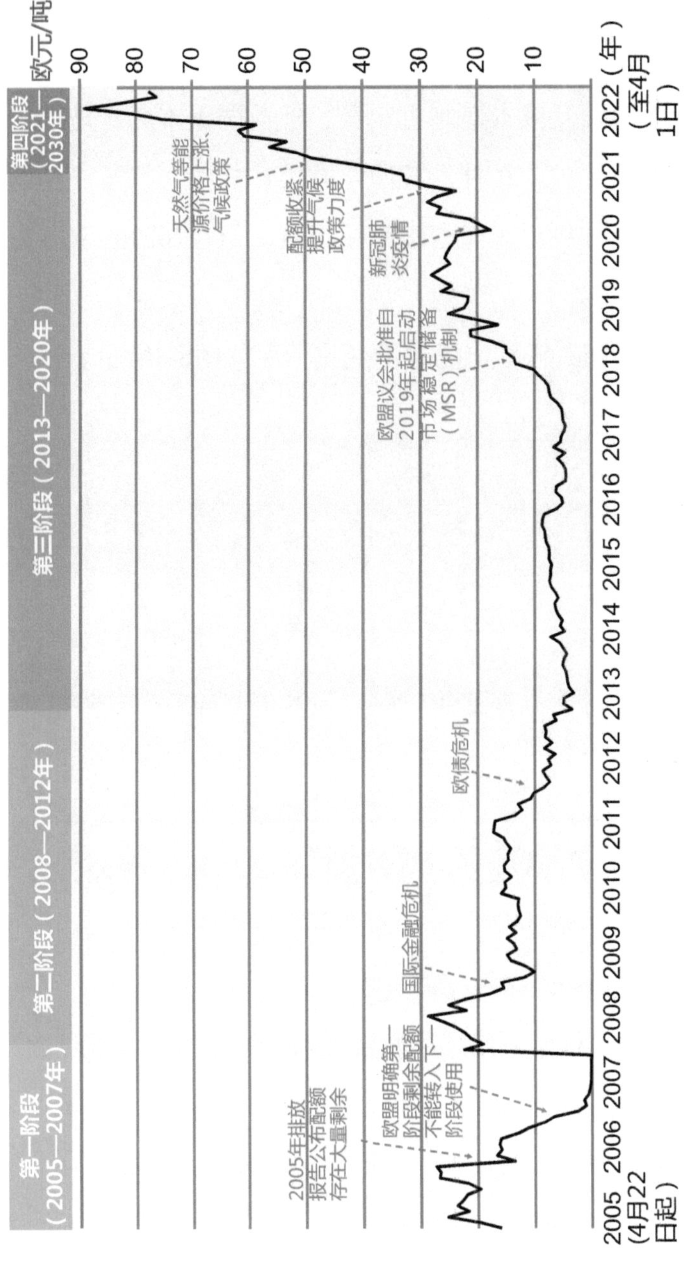

资料来源：tradingeconomics.com，中节能碳达峰碳中和研究院。

图6–2　欧洲碳排放配额期货结算价格变化情况

月受能源价格上涨等因素影响，碳价稍高于欧盟碳市场，保持在60欧元/吨以上，临近年底达到93.18欧元/吨的最高值。9月至11月、10月至12月英国碳市场连续两次触发成本遏制机制[1]，但英国碳市场管理局对价格进行评估后决定暂不干预。另外，英国与欧盟达成的《欧盟—英国贸易与合作协定》提出双方将考虑建立碳市场连接，但在2021年双方尚无更进一步的计划。

2021年英国碳市场和欧盟碳市场碳价变化情况如图6-3所示。

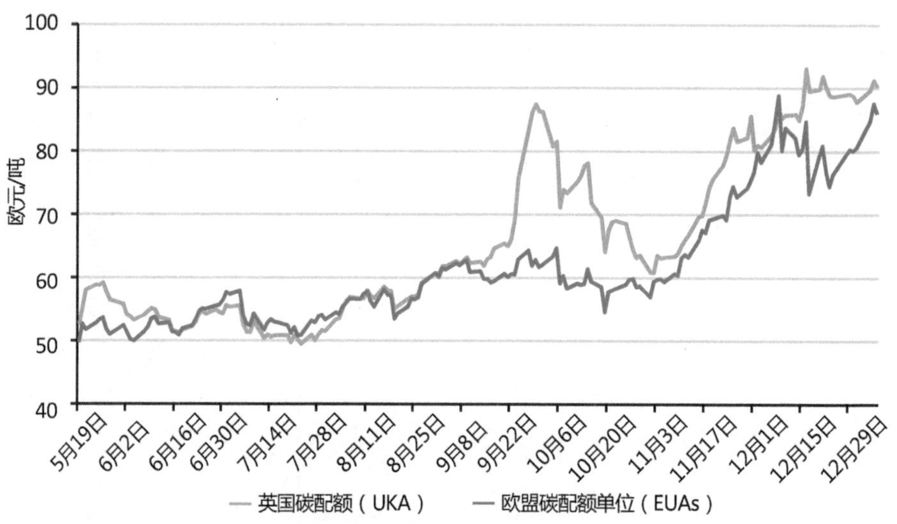

资料来源：Refinitiv，中节能碳达峰碳中和研究院。

图6-3　2021年英国碳市场和欧盟碳市场碳价变化情况

[1] 成本遏制机制，即若英国碳市场连续三个月的月度平均碳价超过设定的阈值（2021年为56.58英镑/吨），英国碳市场管理局便可以评估决定是否通过增加配额供应干预碳价。

2. 德国碳市场

作为对欧盟碳市场的补充，德国在2021年启动了覆盖供暖与运输燃料行业的全国碳市场。该体系初期采用固定价格，而且碳价将每年上涨。自2021年起，德国碳市场配额固定价格为25欧元/吨，逐年提升，到2025年将升至55欧元/吨。2026年起则以拍卖的形式定价，价格为每吨55欧元至65欧元。德国碳市场定价计划如图6-4所示。

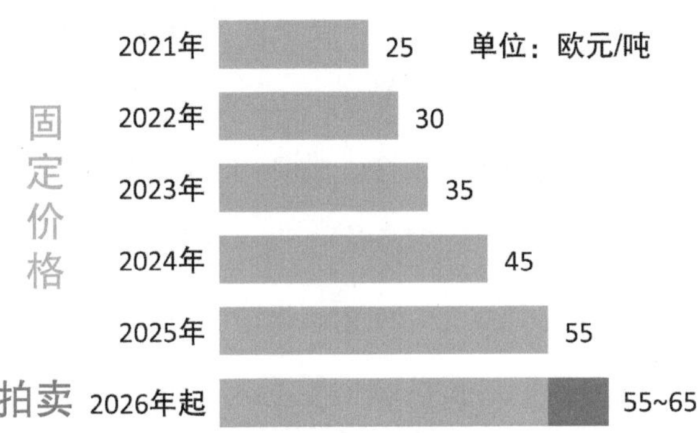

资料来源：德国环境署，中节能碳达峰碳中和研究院。

图6-4 德国碳市场定价计划

3. 荷兰工业碳税

2019年，荷兰政府出台《国家气候协定》，宣布2021年起征收工业碳税，2021年起步价为30欧元/吨，预计将直线上升至2030年的每吨125欧元至150欧元（含碳市场碳价，到2030年碳价预计达到每吨75欧元至100欧元），进一步推动纳入欧盟碳市场的行业及尚未纳入欧盟碳市场的垃圾焚烧设施能以更低成本实现2030年的减排目标。据悉，荷兰目前共有13个垃圾焚烧厂。

四、经验总结

作为全球碳市场的先行者与引领者，欧盟对碳市场建设的十多年探索，特别是其自第三阶段采取的一系列改革措施，对我国碳市场建设具有相当的借鉴意义。

一方面，欧盟碳市场的建设并非一帆风顺，其在前期遇到的两个较为典型的教训，为我国碳市场的探索提供了一些警示。一是不合理的配额分配计划导致碳价低迷、市场停滞。欧盟碳市场的前两个阶段由于经济冲击和制度设计不合理，配额供给严重过剩，导致碳价始终在低位徘徊，削弱了市场参与者的积极性，影响了碳市场的减排效率。二是前期制度、数据与注册登记系统管理存在漏洞，发生了几次较大的碳诈骗事件，影响了碳市场的可靠性。欧盟碳市场曾遭受多次针对注册登记系统账户的欺诈和网络攻击，如系统遭受黑客攻击、交易账号遭遇网络钓鱼等。2010年1月，德国数个账户持有人在回复一封伪造电子邮件后，碳排放配额被盗。2011年1月，欧盟5个成员国（奥地利、罗马尼亚、捷克、希腊和意大利）国家注册登记系统的数百万碳排放配额被盗。还有利用数据记录与规则漏洞实施诈骗的行为，根据欧洲刑警组织的估计，2008年6月至2009年12月，增值税旋转木马欺诈行为[1]导致了大约50亿

[1] ICAP介绍，2010年之前，欧盟碳市场碳排放单位的转让是一项有助于吸引增值税的服务，其中卖方负责收取税金。大量交易提供了碳排放单位现货产品（以实物交割方式交换的交易所交易产品，在1个至3个交易日内交付碳排放单位）。这些产品，连同欧盟注册登记系统的“实时”（即数秒之内）转让与结算能力，使得很短时间内能同时完成多项交易（涉及同一碳排放单位易手）成为可能。犯罪分子利用这一特点实施增值税旋转木马欺诈：在不支付增值税的情况下收购碳排放单位（由跨境交易的性质决定）。之后，犯罪分子将已收购的碳排放单位在同一国家按照收取增值税的价格出售，并在税务移交税务机关之前“消失”。

欧元的损失。因此，欧盟碳市场于2012年建立了统一的注册登记系统取代各成员国注册登记系统，并采取了加强账户控制、交易安全性及系统监督和保护等一系列措施保障交易安全。

另一方面，更重要的是，欧盟碳市场的探索发展形成了一系列先进经验。

一是路线图清晰，阶段性目标明确，制度体系完善。欧盟碳市场建立了较为完善的碳金融制度，并通过立法的形式进行巩固。2005年启动前，欧盟碳市场已经明确到2020年的三个阶段的路线图，并在每个阶段启动前，提前发布阶段性总量配额目标等，为市场运行提供了较为稳定的制度基础。

二是交易主体多元，金融产品丰富，交易机制灵活。在前期政府机构的积极引导下，商业银行、投资银行及各种国际金融组织进入市场并渐渐成为碳市场的主体，企业在商业利益的吸引下参与其中，此时政府机构不再直接参与市场，而是通过碳基金等形式间接参与，各方积极推进碳市场的发展。在金融产品方面，欧盟碳市场从运行之初便允许交易碳金融衍生品，充分发挥市场流动性，期货交易成交量占总体成交量的95%以上。随着金融机构和其他投资者的参与和推动，逐渐形成多层级、多产品的碳金融市场，提高了交易的灵活性，碳市场汇聚金融资源的功能得以充分发挥：政府及国际组织一般采取碳基金的形式，仅世界银行就管理至少12只碳基金，总额接近30亿美元；商业银行不仅自身参与碳交易，还利用自己的客户基础开展中间服务；投资银行及其他金融机构创新了一系列碳金融产品，如环保期货、巨灾债券、天气衍生产品、碳交易保险等。

三是通过加强配额总量管控、施行灵活机制等方式激活碳价，同时注重公平性。为缓解长期碳价低迷、市场萎缩等状况，欧盟碳市场2019年通过实施市场稳定储备机制解决历史过剩配额问题，每年发布截至上一年年底碳市场的过剩配额总数，然后将过剩配额总数的24%转存入市场稳定储备，以此减轻配额过剩对碳市场信心的冲击。同时，进一步加强总量控制，自2021年起年度折减率由1.74%提升至2.2%，“Fit for 55”方案还计划进一步提升折减力度。另外，分行业逐步引入拍卖等有偿分配方式，到2030年除供热外，其他行业的碳配额将全部有偿发放，更加积极推动控排企业减排。再由政府将拍卖收入用于补贴受损失的消费者及开发减排技术等，以减少因碳市场产生的不公平问题。

四是充分发挥碳市场与其他机制的配套协同，促进更大范围的深度去碳化。从碳定价机制的实施看，碳排放权交易价格易受市场影响，波动较大。相比之下，尽管碳税对排放量的控制存在不确定性，且灵活性较差，但可以弥补碳市场价格不确定性的缺点。目前，欧盟碳市场中荷兰等国家采取了碳市场与碳税协同的方式，以促进碳市场未覆盖的行业减排、弥补碳市场价格未达预期的差价等。

五是开展碳市场连接探索。经过近十年的协商，欧盟碳市场和瑞士碳市场终于于2017年达成碳市场连接协定，并于2020年启动。按照规定，任何一方的配额可用于另一方碳市场，每年9月建立临时连接，允许配额的互相转移。未来，欧盟—瑞士碳市场的交易连接将实现电子化，以实现持续的交换登记。其经验可以为未来其他碳市场连接提供借鉴。

六是建立了良好的市场信息公开机制。除碳交易机构披露实时、年度碳交易数据外，欧盟委员会还会发布年度碳市场运行报告，披露碳市场建设情况，欧盟登记簿运行情况，碳配额总量、需求量与余量等，为制度实施、市场参与、公众监督提供了坚实的数据基础。

第三部分

我国碳市场

第七章 我国碳市场发展历程

在全球应对气候变化进程中，我国从初期的积极参与者、追随者逐渐发展成为现今的积极推动者、引领者，这一角色转变在碳市场实践中可见一斑——21世纪初我国作为减排项目东道国单边参与清洁发展机制（CDM）、培育国内碳市场，在此基础上，我国从第一个十年就逐步推动国内碳交易试点、自愿减排交易及全国碳市场建设工作，并于2021年正式启动全国碳市场第一个履约周期，同时在国际上积极推动构建《巴黎协定》下的全球碳市场机制，对碳交易的主动权与话语权正不断提升。作为实现碳达峰、碳中和与国家自主贡献目标的重要政策工具，我国碳市场建设工作受到国内外高度关注。

一、2001年至2012年：单边参与CDM及能力培育期

2001年至2012年，我国作为东道国积极参与清洁发展机制项目开发，注册项目与签发减排量占全球半数，极大促进了我国新能源等碳减排技术与项目的发展，并为我国开展碳市场建设奠定了基础。在全球碳市场发展初期，我国参与碳市场的主要方式是与附件一缔约方、投资者、国际组织等合作开发清洁发展机制项目，并向附件一缔约方出售核

证减排量，以帮助其履行《京都议定书》下的减排目标。在《京都议定书》达成后，历经三年多的谈判，在马拉喀什召开的第七次缔约方会议（COP7）上，各国就《京都议定书》第十二条CDM机制的方式和程序达成一致，并且召开了首次会议，标志着CDM的正式启动。为加强我国对清洁发展机制项目的有效管理，维护我国权益，保证清洁发展机制项目的有序进行，我国政府着手开展清洁发展机制项目办法编制、宣传和普及。2004年6月，国家发展改革委、科学技术部和外交部发布《清洁发展机制项目运行管理暂行办法》，自2004年6月30日施行。该时期陆续有项目进入开发、审批。但整体来看，我国项目数量较少，市场求大于供。

2005年2月16日，《京都议定书》生效，地方政府、企业对清洁发展机制重视程度空前提高，我国清洁发展机制项目开发进入稳步增长期。2005年10月12日，国家发展改革委、科学技术部、外交部和财政部发布《清洁发展机制项目运行管理办法》，自2005年10月12日起施行，《清洁发展机制项目运行管理暂行办法》同时废止。《清洁发展机制项目运行管理办法》明确：在中国开展清洁发展机制项目的重点领域是以提高能源效率、开发利用新能源和可再生能源以及回收利用甲烷和煤层气为主；国家发展改革委是中国开展清洁发展机制的主管机构。

随着实践经验不断积累，我国清洁发展机制项目开发2008年进入高质量发展期，数量扩张与深度拓展并重，在全球清洁发展机制发展中发挥着重要作用。但同时，受2008年国际金融危机的冲击，CDM市场逐渐由卖方向买方转变，核证减排量（CERs）价格由2008年的20欧元/吨降至2009年的每吨10欧元至15欧元。2012年，由于《京都议定书》第一承诺期即将结束，加之CDM最大需求市场欧盟碳市场出台政策，大幅收缩自2013年起允许用于抵销的国际碳信用范围——2013年后产生的减排量需来自最不发达国家，其他国家2012年年底前注册实施的项目仍可用于抵销，因此国内企业纷纷追赶“末班车”，仅2012年一年在CDM执行理事会（EB）取得注册的中国项目便超过1800个。根据UNFCCC官网的统计，截至2012年年底，全球注册CDM项目达7155个，签发核证减排量11.55亿吨，其中我国注册CDM项目3682个，签发核证减排量达8.66亿吨，分别占全球总量的52%、75%。我国CDM项目中可再生能源项目减排量占60%以上。

2013年，由于需求大幅收缩，且减排量过量签发导致供给严重过剩，核证减排量价格跌至不足1欧元/吨。我国清洁发展机制项目开发市场空间急剧萎缩，新增注册项目数量大幅下滑，自2017年6月起无新增项目。已注册的清洁发展机制项目至2022年3月仍在陆续获得核证减排量签发。根据UNFCCC官网的统计，截至2021年年底，中国累计注册清洁发展机制项目3764个，签发核证减排量达11.23亿吨，占全球清洁发展机制注册项目与签发核证减排量的约半数（分别为48%、52%）。

在清洁发展机制的带动下，我国自2007年起鼓励、推动国内自愿碳交易市场发展，在地方逐步培养碳交易意识与能力。尽管我国作为发展中国家没有强制减排义务，但作为负责任的发展中大国，我国积极推动国内减排，鼓励自愿碳交易市场的发展。2009年国内第一笔自愿碳交易在北京环境交易所达成，截至2012年国内涌现出十余家环境能源交易所，部分交易所建立了自愿减排交易平台，价格为每吨10元至50元，累计成交量达到数百万吨，逐渐培养了相关参与方碳交易的意识与能力。

我国碳市场发展第一阶段（2001—2012年）如图7-1所示。

第一阶段

2001—2004年 CDM起步发展期

- 2001年10月，马拉喀什气候大会（COP7）就《京都议定书》第十二条规定的清洁发展机制（CDM）的方式和程序达成一致，并召开首次会议，标志CDM正式启动
- 此后，我国政府着手开展CDM项目办法编制、宣传和普及，推进能力建设，并加强国际协调
- 2004年6月，国家发展改革委、科学技术部和外交部共同发布《清洁发展机制项目运行管理暂行办法》（自2004年6月30日生效）
- 陆续有CDM项目进入开发、审批，但整体来看，我国项目数量较少，市场求大于供

2005—2007年 CDM稳步增长期

- 2005年1月，国家发展改革委发布了第一个东道国批准；当年6月第一个中国项目在CDM执行理事会（EB）注册
- 2005年2月16日起，《京都议定书》生效，地方政府、企业对CDM重视程度空前提高
- 2005年10月13日，国家发展改革委、科技部、外交部和财政部联合发布《CDM项目运行管理办法》（自2005年10月12日起施行）。中国CDM项目进入稳步增长阶段

2008—2012年 CDM高质量发展期

- 2008年至2012年《京都议定书》第一承诺期。
- 随着经验积累，自2008年起，我国CDM项目开发进入高质量发展阶段，数量扩张、深度拓展
- 受2008年国际金融危机影响，市场逐渐由卖方向买方转变
- 2012年年底，《京都议定书》第一承诺期期满；CDM最大需求市场即欧盟碳市场，自2013年起大幅收缩碳抵销的支持范围——自2013年起产生的国际碳信用需要来自最不发达国家项目，2012年及以前注册实施的项目仍然支持。因此，国内企业在2012年纷纷追赶“末班车”，2012年在执行理事会（EB）注册的项目超过1800个
- 截至2012年年底，我国CDM项目注册3682个，占全球的52%；签发减排量达8.66亿吨，占全球的75%

2013—2017年6月 国内CDM开发逐渐落幕

- 2013年起，由于需求大幅收缩，且减排量过量签发出现严重过剩，核证减排量价格急剧下跌，由2008年的20欧元/吨跌至2013年的不足1欧元/吨
- 我国CDM开发空间急剧萎缩，新增注册CDM项目数量大幅下滑，自2017年6月起无新增
- 已注册CDM项目直至2022年仍在陆续获得核证减排量签发

自愿碳市场逐渐兴起

国内自愿碳市场自2007年起逐渐发展，涌现出十余家环境能源交易所，碳价为每吨10元至15元，成交量数百万吨，逐步培养碳交易意识与能力

图7-1　我国碳市场发展第一阶段（2001—2012年）

二、2013年至2017年：国内碳市场试点期

“十二五”时期，我国明确提出要逐步建立碳排放权交易市场，并自2013年起陆续启动八个地方碳排放权交易试点。2011年3月16日，《中华人民共和国国民经济和社会发展第十二个五年规划纲要》发布，提出要建立完善温室气体排放统计核算制度，逐步建立碳排放交易市场。2011年10月29日，国家发展改革委印发《关于开展碳排放权交易试点工作的通知》（发改办气候〔2011〕2601号），批准北京市、天津市、上海市、重庆市、湖北省、广东省及深圳市七个省市开展碳排放权交易试点工作，正式拉开国内碳市场试点的序幕。经过近两年的筹备，七个试点陆续在2013年6月至2014年6月正式开市。2016年8月22日，中共中央办公厅、国务院办公厅印发《国家生态文明试验区（福建）实施方案》，支持福建省深化碳排放权交易试点、开展林业碳汇交易试点；同年12月22日，福建碳市场正式开市。截至2021年年底，北京市、天津市、上海市、重庆市、广东省、湖北省、深圳市、福建省等8个试点碳市场累计配额成交量5.36亿吨，成交额约131.92亿元。

同时，随着《京都议定书》第一承诺期的结束，我国在清洁发展机制的经验基础上，着手建设本国的自愿减排交易机制，以应对2013年后国际市场的收缩，并进一步推动自愿减排项目发展。2012年6月13日，国家发展改革委印发《温室气体自愿减排交易管理暂行办法》（发改气候〔2012〕1668号）（自印发之日起施行）（以下简称《CCER暂行办法》），除采用国家主管部门备案的方法学开发自愿减排项目外，我国自愿减排机制还支持获发改委批准但未注册的清洁发展机制（CDM）

项目、已注册CDM项目注册前减排量以及已注册但未获得减排量签发的CDM项目，以保障国内CDM项目的有序过渡。同年，国家发展改革委陆续发布项目申请文件、审定与核证指南，搭建了我国温室气体自愿减排交易机制的制度基础。2013年至2017年，国家发展改革委陆续备案12批共200个温室气体自愿减排方法学（清单详见附录三）、9家温室气体自愿减排交易机构（即8个地方碳排放权交易试点的交易机构及四川联合环境交易所）、12家审定与核证机构。2015年1月14日，温室气体自愿减排交易注册登记簿正式上线运行。2017年3月17日，国家发展改革委发布公告（2017年第2号），宣布为进一步完善和规范温室气体自愿减排交易，促进绿色低碳发展，按照简政放权、放管结合、优化服务的要求，发展改革委正在组织修订《CCER暂行办法》，即日起暂缓受理温室气体自愿减排交易方法学、项目、减排量、审定与核证机构、交易机构备案申请。待《CCER暂行办法》修订完成并发布后，将依据新办法受理相关申请；已向国家发展改革委政务服务大厅提出备案申请、但尚未备案的事项将登记在册，待《CCER暂行办法》修订完成后，依据新办法优先办理。截至备案暂缓，发展改革委累计审定自愿减排项目2871个，备案项目1047个（公示861个）；累计备案国家核证自愿减排量5283万吨，获得CCER备案的项目287个（公示254个）。

在试点碳市场的基础上，我国逐步启动全国碳市场筹备工作。2014年1月13日，国家发展改革委印发《关于组织开展重点企（事）业单位温室气体排放报告工作的通知》（发改气候〔2014〕63号），以全面掌握重点单位温室气体排放情况，加快建立重点单位温室气体排放报告制度，为碳市场建设提供数据支撑。为指导碳排放核算，2013年至2015年，国家发展改革委陆续发布了3批共24个重点行业企业温室气体排放核算方法与报告指南（详见附录三）。2014年12月10日，国家发展改革委发布《碳排放权交易管理暂行办法》（发展改革委第17号令），为全国碳市场提供法规保障与工作指引。2015年5月，国家发展改革委印发《关于落实全国碳排放权交易市场建设有关工作安排的通知》（发改气候〔2015〕1024号），推动各地建立和完善碳排放权交易工作机制、确定参与全国碳排放权交易的企业名单、为研究制定碳排放权交易总量设定与配额分配方案提供支持、加快碳排放权交易核查体系的建设、深入开展碳排放权交易能力建设培训、切实加强对碳排放权交易的宣传力度并做好试点与全国市场的衔接。随着全国碳市场建设取得阶段性进展并进入攻坚期，2016年1月11日，国家发展改革委印发《关于切实做好全国碳排放权交易市场启动重点工作的通知》（发改办气候〔2016〕57号），重点推动明确拟纳入全国碳排放权交易体系的企业名单、开展核算报告与核查、培育和遴选第三方核查机构及人员、强化能力建设等工作，提出全国碳排放权交易市场第一阶段将涵盖石化、化工、建材、钢铁、有色、造纸、电力、航空等重点排放行业（简称“八大行业”）。

我国碳市场发展第二阶段（2013—2017年）如图7-2所示。

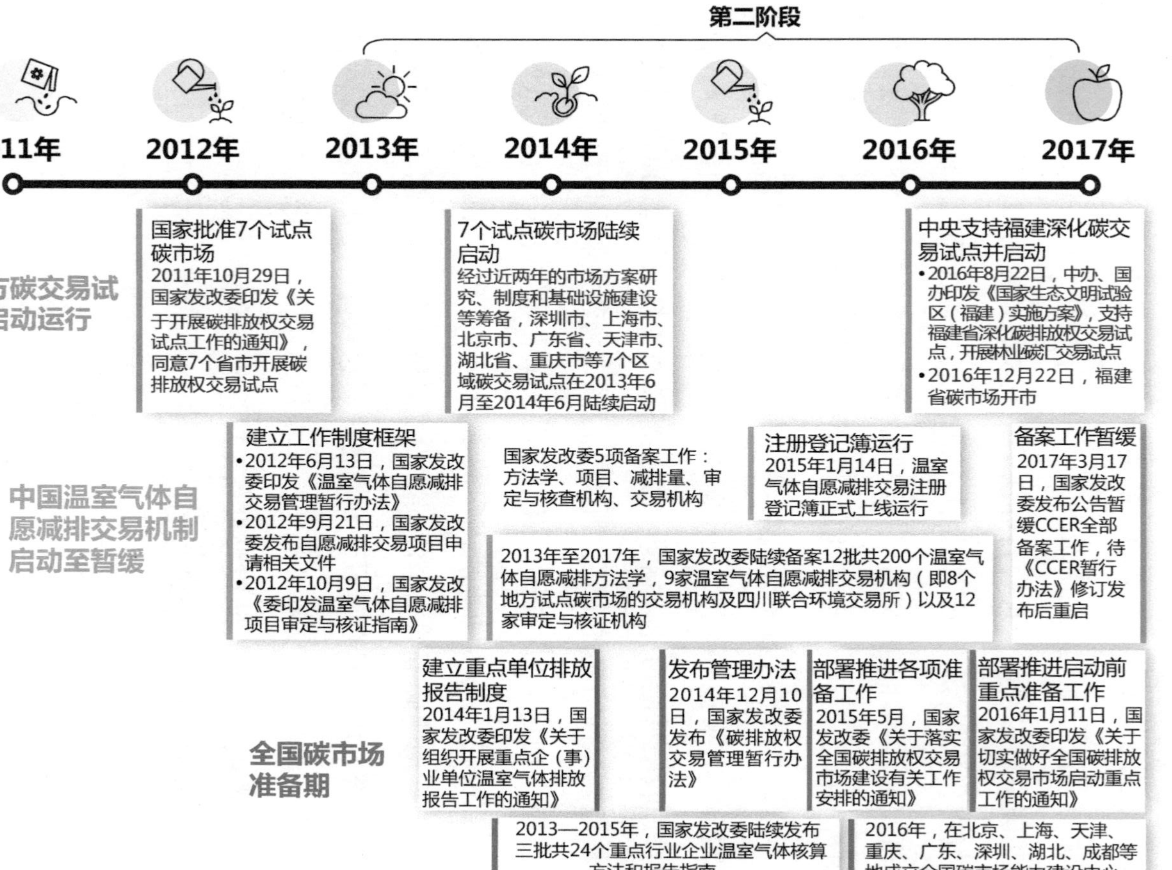

图7-2　我国碳市场发展第二阶段（2013—2017年）

三、2018年至2020年：全国碳市场建设期

2017年年底，全国碳排放权交易体系正式启动，确定由湖北省、上海市分别牵头承建全国碳市场注册登记、交易系统。2017年12月18日，国家发展改革委印发《全国碳排放权交易市场建设方案（发电行业）》（发改气候规〔2017〕2191号）（以下简称《方案》），标志着我国碳排放交易体系完成了总体设计，并正式启动。《方案》明确，坚持将碳市场作为控制温室气体排放政策工具的工作定位，切实防范金融等方面风险。以发电行业为突破口率先启动全国碳排放交易体系，培育市场主体，完善市场监管，逐步扩大市场覆盖范围，丰富交易品种和交易方式。逐步建立起归属清晰、保护严格、流转顺畅、监管有效、公开透明、具有国际影响力的碳市场。并计划分三个阶段稳步推进碳市场建设工作，一年左右开展基础建设，一年左右开展模拟交易，后在发电行业交易主体间开展配额现货交易，稳步深化完善碳市场。在全国碳排放交易体系启动工作新闻发布会上，国家发展改革委宣布确定由湖北省和上海市分别牵头承建注册登记、交易系统，北京市、天津市、重庆市、广东省、江苏省、福建省和深圳市共同参与系统建设和运营，按照“共商、共建、共赢”的精神，共同推进，开展系统建设工作。

2018年，气候司转隶至生态环境部，持续推进全国碳市场数据报送、基础设施建设、制度建设、能力建设等工作。2018年3月，国务院实施机构改革，应对气候变化工作职能由发展改革委划至新组建的生态环境部。职能转隶后，应对气候变化司持续推动数据报送核查，推进全国碳市场基础设施建设，开展配额方案试算研讨、能力建设等工作。

2019年12月25日，财政部发布《碳排放权交易有关会计处理暂行规定》（财会〔2019〕22号）（自2020年1月1日起施行），规范了碳排放权交易相关的会计处理。

我国碳市场发展第三阶段（2018—2020年）如图7-3所示。

四、2021年起：全国碳市场正式运行期

2021年年初，全国碳市场第一个履约周期正式启动，标志着我国碳市场的建设和发展进入了新的阶段。2020年9月22日，国家主席习近平在第七十五届联合国大会一般性辩论上，提出"二氧化碳排放力争于2030年前达到峰值，努力争取2060年前实现碳中和"，为我国未来40年的应对气候变化工作指明了方向。2020年年底至2021年年初，生态环境部出台《碳排放权交易管理办法（试行）》（以下简称《管理办法》）、《关于印发〈2019—2020年全国碳排放权交易配额总量设定与分配实施方案（发电行业）〉〈纳入2019—2020年全国碳排放权交易配额管理的重点排放单位名单〉并做好发电行业配额预分配工作的通知》等多项全国碳市场关键制度，基本搭建了碳市场的制度框架。2021年1月1日，全国碳市场第一个履约周期正式启动。第一个履约周期纳入了2162家电力企业（含自备电厂），覆盖约45亿吨二氧化碳年排放量。2021年7月16日，全国碳市场上线交易正式启动。截至2021年12月31日，第一个履约周期结束，碳排放配额总成交量、总成交额分别达1.79亿吨、76.61亿元人民币，平均碳价42.85元/吨，按履约量计，履约完成率为99.5%。

我国碳市场发展第四阶段（截至2021年年底）如图7-4所示。

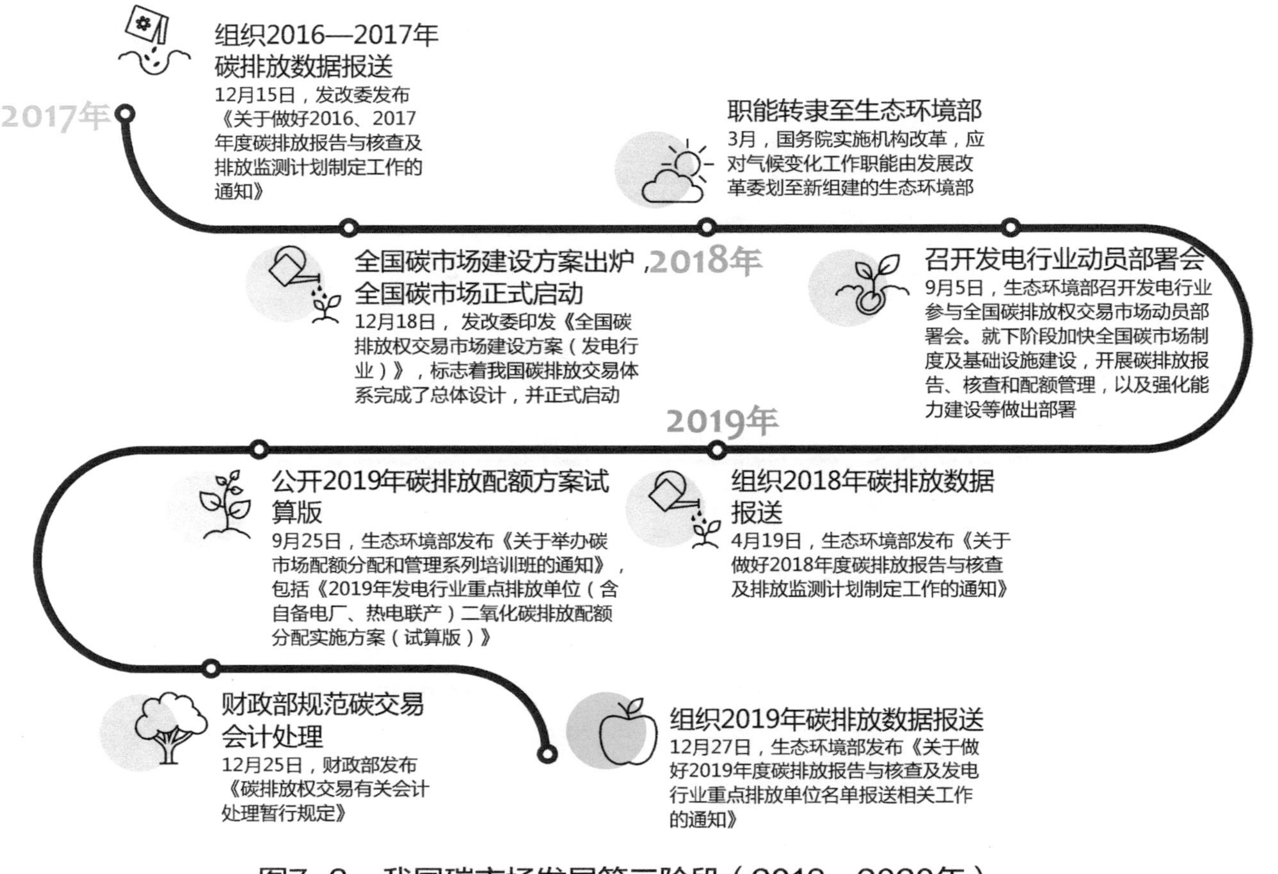

图7-3　我国碳市场发展第三阶段（2018—2020年）

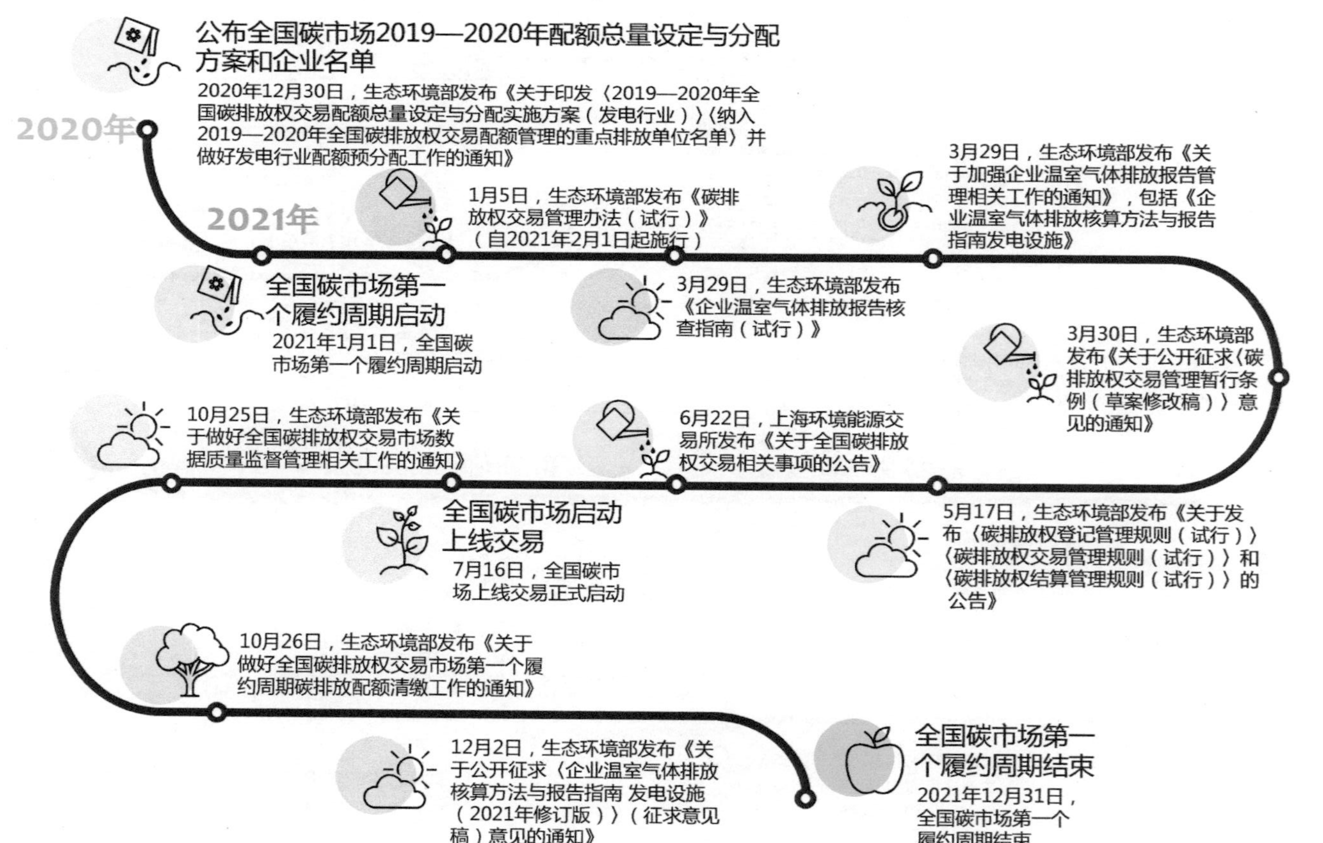

图7-4　我国碳市场发展第四阶段（截至2021年年底）

第八章 试点碳市场情况

一、制度体系

目前，我国共有北京市、天津市、上海市、重庆市、湖北省、广东省、深圳市及福建省八个试点碳市场。各试点碳市场均建立了以人大决定、管理办法、实施方案/意见为核心，以总量设定与配额分配方案、监测报告核查制度、注册登记交易制度、清缴履约制度、监管保障制度等配套工作制度为支撑的制度框架，为试点碳市场工作提供法规与制度保障（见表8-1）。

表8-1 试点碳市场发布的法规制度情况

地区	政策名称	发布机构
北京市	《关于北京市在严格控制碳排放总量前提下开展碳排放权交易试点工作的决定》	北京市人民代表大会常务委员会
	《北京市碳排放权交易管理办法（试行）》	北京市人民政府
	关于调整《北京市碳排放权交易管理办法（试行）》重点排放单位范围的通知（京政发［2015］65号）	北京市人民政府
天津市	《天津市碳排放权交易试点工作实施方案》（津政办发［2013］12号）	天津市人民政府
	《天津市碳排放权交易管理暂行办法》（自2020年7月1日起实施）（最初发布于2013年12月，分别于2016年3月、2018年5月、2020年6月进行修订）	天津市人民政府

续表

地区	政策名称	发布机构
上海市	《上海市人民政府关于本市开展碳排放交易试点工作的实施意见》（沪府发［2012］64号）	上海市人民政府
	《上海市碳排放管理试行办法》（沪府令10号）（自2013年11月20日起施行）	上海市人民政府
重庆市	《重庆市碳排放权交易管理暂行办法》（渝府发［2014］17号）	重庆市人民政府
湖北省	《湖北省碳排放权交易试点工作实施方案》（鄂政办发［2013］9号）	湖北省人民政府
	《湖北省碳排放权管理和交易暂行办法》（省政府令第371号）（自2014年6月1日起施行）	湖北省人民政府
	关于修改《湖北省碳排放权管理和交易暂行办法》第五条第一款的决定（省政府令第389号）（自2016年11月1日起施行）	湖北省人民政府
广东省	《广东省人民政府关于印发广东省碳排放权交易试点工作实施方案的通知》（粤府函［2012］264号）	广东省人民政府
	《广东省碳排放管理试行办法》（自2014年3月1日起施行）	广东省人民政府
深圳市	《深圳经济特区碳排放管理若干规定》（2012年10月30日深圳市第五届人民代表大会常务委员会第十八次会议通过　根据2019年8月29日深圳市第六届人民代表大会常务委员会第三十五次会议《关于修改〈深圳经济特区人才工作条例〉等二十九项法规的决定》修正）	深圳市人民代表大会常务委员会
	《深圳市碳排放权交易管理暂行办法》（自2014年3月19日起施行）	深圳市人民政府
福建省	《福建省人民政府关于印发福建省碳排放权交易市场建设实施方案的通知》（闽政［2016］40号）	福建省人民政府
	《福建省碳排放权交易管理暂行办法》（福建省人民政府令第176号）	福建省人民政府

二、基本框架

（一）总量设定与配额分配

在纳入范围方面，从纳入行业来看，各试点碳市场均将电力、石化等工业行业纳入履约，并做出了特色化安排。其中：北京碳市场未限定行业，整体分为电力、热力、水泥、石化、服务业、道路运输业及其他共七个行业；天津纳入了除有色外的全国碳市场覆盖的七大行业，并另外增加石油开采业；上海碳市场覆盖范围面广，除钢铁、有色、纺织、橡胶等工业行业，还纳入了航空、机场、港口、水运、商业、宾馆、商务办公建筑和铁路站点等非工业行业，共计27个行业，是全球首个将航运业纳入碳市场的体系；重庆碳市场则主要聚焦在工业行业，八个试点碳市场中仅重庆未纳入航空业；广东碳市场纳入了除有色、化工外的全国碳市场六大行业；湖北和福建在全国碳市场八大行业的基础上，结合本地区碳排放产业特征情况，创新性地纳入陶瓷行业。从排放门槛来看，各试点碳排放门槛大约为3000吨至2.6万吨（除上海水运行业碳排放门槛为10万吨、深圳建筑面积1万平方米外），其中深圳门槛最低，为3000吨年碳排放量以上；北京次之，为5000吨（含）以上年碳排放；而湖北仅对年综合能耗提出门槛，要求在1万吨标准煤及以上。经统计，参与试点碳市场2020年度履约的企业共计3012家。各试点履约企业数量从104家至859家不等，其中北京数量最多，达859家；其次是深圳，达687家。

在总量设定方面，各试点地区结合经济发展情况、能源与二氧化碳总量强度目标等实际因素，通过“自上而下”与“自下而上”相结合的方式，确定合理的总量目标，并未采取绝对总量法（深圳提出，碳达峰后将控制碳市场实施绝对目标总量）。各试点碳市场2020年度配额总量从0.22亿吨到4.65亿吨，估算合计约11.01亿吨。其中：广东的配额总量最大，是第二名湖北的2.8倍；而深圳、北京因第三产业居多，配额总量最小。试点碳市场总量设定情况如表8-2所示。

表8-2　试点碳市场总量设定情况

分类	北京市	天津市	上海市	重庆市	湖北省	广东省	深圳市	福建省
启动时间	2013年11月28日	2013年12月26日	2013年11月26日	2014年6月19日	2014年4月2日	2013年12月19日	2013年6月18日	2016年12月22日
纳入行业	电力、热力、水泥、石化、服务业、道路运输业、其他行业等	电力、热力、钢铁、化工、石化、油气开采、建材、造纸、航空等	工业行业：电力、钢铁、石化、化工、有色、建材、纺织、造纸、橡胶和化纤； 非工业行业：航空、机场、港口、水运、商业、宾馆、商务办公建筑和铁路站点等	电力、冶金、化工、建材等	玻璃及其他建材、电力、纺织业、钢铁、化工、汽车制造、热力及热电联产、设备制造、石化、食品饮料、水的生产与供应、水泥、陶瓷制造、医药、有色金属和其他金属制品、造纸等	电力、水泥、钢铁、石化、造纸、民航等	制造业、电力、水务、燃气、公共交通等	石化、化工、建材、钢铁、有色、造纸、电力、航空、陶瓷等
纳入排放门槛	区域内年二氧化碳直接排放与间接排放量5000吨（含）以上的企业、事业、国家机关及其他单位	二氧化碳排放2万吨以上	工业：年二氧化碳排放量2万吨（综合能源消费量1万吨标煤）以上； 非工业（除水运）：年二氧化碳排放量1万吨（综合能源消费量5000吨标煤）以上； 水运：年二氧化碳排放量10万吨（综合能源消费量5万吨标煤）以上	年碳排放量达到2万吨二氧化碳当量	年综合能耗达1万吨标准煤及以上的工业企业	年排放2万吨二氧化碳（或年综合能源消费量1万吨标准煤）及以上	年碳排放量达到3000吨以上的企业、大型公共建筑和建筑面积达到1万平方米以上的国家机关办公建筑的业主	温室气体年排放量达1.3万吨二氧化碳当量（综合能源消费量约5000吨标准煤）及以上

续表

分类	北京市	天津市	上海市	重庆市	湖北省	广东省	深圳市	福建省
纳入温室气体类型	二氧化碳	二氧化碳	二氧化碳	6种温室气体[1]	二氧化碳	二氧化碳	二氧化碳	二氧化碳
纳入企业数量（2020年度）	859	104	314	187	332	245	687	284
配额总量（2020年度）	约0.5亿吨/年（2013—2018年）	未公布，约1.6亿吨	1.05亿吨（含直接发放配额和储备配额）	0.97亿吨（2018年）	1.66亿吨，政府预留8%配额	4.65亿吨，其中储备配额0.27亿吨	0.22亿吨	1.26亿吨[2]

注：[1] 重庆碳市场所覆盖的6种温室气体为二氧化碳、甲烷、氧化亚氮、氢氟碳化物、全氟化碳、六氟化硫。

[2] 实为2020年度福建应清缴的碳排放配额总量。

资料来源：主要整理自各试点碳市场管理办法、2020年度配额分配方案、碳排放报告核查工作通知等有关文件，中节能碳达峰碳中和研究院，下同。另外，本表中天津市配额总量数据参考自《中国碳排放权交易市场发展历程——从试点到全国》。

在配额分配方法方面，各试点碳市场普遍采用基准线法、历史强度法、历史排放法等，重庆市则采用政府总量控制与企业申报的特色方法确定。从有偿分配情况来看，广东省、湖北省自碳市场运行起便引入配额有偿分配，天津市、上海市、重庆市等也逐步部署有偿分配工作，但各试点碳市场配额有偿分配比例均未超过10%。试点碳市场配额分配情况如表8-3所示。

（二）监测、报告、核查（MRV）机制

在纳入监测、报告、核查（MRV）工作的排放门槛方面，除重庆市、福建省外，各试点碳市场地区均特别设置了低于其碳市场履约门槛的碳排放报告排放门槛，从1000吨至1万吨不等，其中深圳碳排放报告门槛最低，为1000吨。低于履约门槛的排放报告门槛可以为试点碳市场后续扩大履约范围奠定数据与工作基础。在监测、报告、核查指南方面，除天津市自2016年全部转为使用国家相关指南外，各试点碳市场地区均发布了地方级指南用于指导MRV工作，福建省还专门设计了钢铁、陶瓷、化工、发电等21个重点行业企业温室气体排放核算表以简化计算，便于验收。试点碳市场监测、报告、核查（MRV）机制情况如表8-4所示。

（三）交易机制

在交易机制方面，各试点碳市场均设立了专门的碳排放权交易平台，交易产品以地方配额和国家核证自愿减排量（CCER）为主；上海市、湖北省、广东省等在现货的基础上开发了远期交易产品；除CCER外，北京市、重庆市、广东省、深圳市、福建省等还上线了地方碳信用

表8-3 试点碳市场配额分配情况

分类	北京市	天津市	上海市	重庆市	湖北省	广东省	深圳市	福建省
配额核定	基准线法：火力发电行业（热电联产）、水泥制造、热力生产和供应行业、数据中心； 历史总量法：石化、其他服务业（数据中心除外）、其他行业（电力供应、水的生产和供应及其他发电行业除外）； 历史强度法：其他行业中电力供应、水的生产和供应及其他发电行业； 组合方法：交通运输行业固定设施采用历史总量法，移动设施采用历史强度法	历史强度法：电力热力行业（含发电、热电联产、供热企业）、建材行业、造纸行业； 历史排放法：钢铁、化工、石化、油气开采、航空行业	行业基准线法：发电、电网和供热等电力热力行业； 历史强度法：对主要产品可以归为3类（及以下）、产品产量与碳排放量相关性高且计量完善的工业企业，以及航空、港口、水运、自来水生产行业企业； 历史排放法：对商场、宾馆、商务办公、机场等建筑，以及产品复杂、近几年边界变化大、难以采用行业基准线法或历史强度法的工业企业	配额管理单位申报量之和低于年度配额总量控制上限的，其年度配额按申报量确定； 配额管理单位申报量之和高于年度配额总量控制上限的，则根据申报量与历史最高年度排放量的均值为基数，进行相应核算确定	标杆法：水泥（外购熟料型水泥企业除外）； 历史强度法：热力生产和供应、造纸、玻璃及其他建材（不含自产熟料型水泥、陶瓷行业）、水的生产和供应行业、设备制造（企业生产两种以上的产品、产量计量不同质、无法区分产品排放边界等情况除外）； 历史法：其他行业	基准线法：电力行业燃煤燃气发电机组（含热电联产机组），水泥行业的熟料生产和粉磨，钢铁行业的炼焦、石灰烧制、球团、烧结、炼铁、炼钢工序，普通造纸和纸制品生产企业，全面服务航空企业； 历史强度下降法：电力行业使用特殊燃料发电机组（如煤矸石、油页岩、水煤浆、石油焦等燃料）及供热锅炉、水泥行业其他粉磨产品、钢铁行业的自备电厂、特殊造纸和纸制品生产企业、有纸浆制造的企业、其他航空企业；	基准线法：电力、燃气、供水、公交、地铁、港口码头、危险废物处理企业； 历史强度法：其他行业	基准线法：水泥、电解铝、平板玻璃、化工行业（以二氧化硅为主营产品）、航空等； 历史强度法：电网、铜冶炼、钢铁、化工（除主营产品为二氧化硅）、原油加工、乙烯、纸浆制造、机制纸和纸板、机场、建筑陶瓷及卫生陶瓷等

续表

分类	北京市	天津市	上海市	重庆市	湖北省	广东省	深圳市	福建省
						历史排放法：水泥行业的矿山开采、钢铁行业的钢压延与加工工序、石化行业企业		
配额发放	免费	电力热力免费比例（98%~99.8%），其他行业98%	部分有偿，结合高碳能源使用提出免费发放比例（93%~99.5%）	2019年度、2020年度履约启动配额有偿发放，总量不超过碳市场履约缺口	初始配额免费发放，8%的政府预留配额通过拍卖发放	电力企业的免费配额比例为95%，钢铁、石化、水泥、造纸企业的免费配额比例为97%，航空企业的免费配额比例为100%，有偿发放总量控制在500万吨以内	免费	免费

表8-4 试点碳市场监测、报告、核查（MRV）机制情况

分类	北京市	天津市	上海市	重庆市	湖北省	广东省	深圳市	福建省
报告企业门槛	行政区域内年综合能源消费总量2000吨标准煤（含）以上的企业、事业单位、国家机关及其他单位，以及民营航空运输业航空器的碳排放	年排放二氧化碳1万吨以上的企业或单位	二氧化碳年排放量1万吨及以上	控排企业（未另外划分报告企业）	年综合能源消费量8000吨标准煤及以上的独立核算的工业企业	年排放1万吨二氧化碳（或综合能源消费量5000吨标准煤）及以上的工业企业	年碳排放量达到1000吨以上的企业	纳入碳市场重点排放单位以及一般报告单位(但未见一般报告单位的纳入标准以及相关工作安排)
监测报告指南	DB11/T 1781—2020等7个地方标准	企业碳排放的监测、报告和核查全部为国家相关指南	1+8个行业温室气体排放核算与报告办法（试行）	简化核算方法，《重庆市工业企业碳排放核算和报告指南（试行）》	《湖北省工业企业温室气体排放监测、量化和报告指南（试行）》1个通则+11个行业	《广东省企业（单位）二氧化碳排放信息报告指南（2020年修订）》1个通则+6个行业	《深圳标准化指导性技术文件——组织的温室气体排放量化和报告规范及指南》	钢铁、陶瓷、化工、发电等21个重点行业的企业温室气体排放核算表

交易产品。交易方式以协议和竞价等方式为主。除履约企业外，各试点碳市场都允许机构投资者参与交易，除上海市、福建省外的六个试点碳市场还允许个人交易。此外，深圳碳市场允许境外投资者参与交易。生态环境部披露，截至2020年8月底，除参与履约的企业外，有1082家非履约机构和11169个自然人参与试点碳市场。各试点碳市场在碳金融方面也开展了大量工作，品种涵盖碳远期、碳资产质押融资、境内外碳资产回购式融资、碳债券、碳配额托管、绿色结构性存款、碳基金、碳指数等。试点碳市场交易机制情况如表8-5所示。

（四）清缴履约机制

在履约抵销方面，各试点均允许使用CCER等碳信用进行抵销，比例从3%到10%不等，抵销比例的参考基数也存在差别，包括审定碳排放量、初始配额、核发配额等。广东还对年度抵销总量进行控制，2020年度履约抵销上限设定在150万吨以内。多数地区还明确了对允许用以抵销的CCER的要求，包括项目运行/减排量产生时间、项目类型、项目地区等。整体来看，各试点碳市场更倾向于本地区减排项目，且均不支持水电类减排量抵销。除CCER外，北京市、天津市、广东省、福建省试点等陆续推出了可用于2020年度履约抵销的本地碳信用机制交易，类型以林业碳汇、碳普惠项目等为主。事实上，近两年各大试点碳市场纷纷开展本地碳信用机制建设，许多非试点碳市场地区也在积极探索本地碳信用交易机制，相关进展梳理请见附录四。

在履约时间方面，试点碳市场年度履约截止日通常设置在次年的5月至6月（例如2016年度试点碳市场履约截止日普遍在2017年5月至6月），但受新冠肺炎疫情等影响，自2020年起各试点履约出现不同程

表8-5 试点碳市场交易机制情况

分类	北京市	天津市	上海市	重庆市	湖北省	广东省	深圳市	福建省
交易平台	北京绿色交易所（原北京环境交易所）	天津排放权交易所	上海环境能源交易所	重庆联合产权交易所	湖北碳排放权交易中心	广州碳排放权交易所	深圳排放权交易所	海峡股权交易中心
交易产品[注]	BEA CCER 林业碳汇等	TJEA CCER	SHEA（现货） SHEAF（碳配额远期） CCER	CQEA CCER CQCER（“碳惠通”项目自愿减排量）	HBEA现货及远期 CCER现货及远期	GDEA CCER PHCER（广东碳普惠核证减排量）	SZEA CCER 碳普惠核证减排量	FJEA CCER FFCER（福建林业核证减排量）
交易方式	线上公开交易（整体竞价交易、部分竞价交易和定价交易） 线下协议转让	拍卖交易 协议交易	挂牌交易 协议转让	协议转让	协商议价转让 定价转让	挂牌点选 协议转让 竞价转让	电子竞价 定价点选 大宗交易	挂牌点选 协议转让 单向竞价 定价转让
交易主体	履约企业、机构投资者、个人	履约企业、机构投资者、个人	履约企业、机构投资者	履约企业、机构投资者、个人	履约企业、机构投资者、个人	履约企业、机构投资者、个人	履约企业、机构投资者、个人	履约企业、机构投资者
碳资产金融探索	场外掉期、期权、回购、抵质押、中碳指数等，并推进碳远期等工作	—	碳远期、碳排放配额质押、借碳交易、CCER质押、卖出回购、碳信托等	碳排放配额托管、回购交易等	碳远期、碳资产质押融资、碳债券、碳资产托管、碳金融结构性存款、碳排放配额回购融资、碳基金等	远期交易、碳排放权抵押融资、配额回购、配额托管、中国碳市场100指数等	碳资产质押融资、境内外碳资产回购式融资、碳债券、碳配额托管、绿色结构性存款、碳基金等	碳排放配额质押、碳排放权产品约定购回交易等

注：地名拼音首字母+EA/A为该试点碳市场的配额产品，CCER为国家核证自愿减排量。

度的延期。从实际履约情况来看，各试点从运行初期的96%~99%发展至2020年普遍实现100%履约，尽管北京市、重庆市、湖北省尚未披露2020年度履约情况，其他已披露履约情况的碳市场履约率均为100%，市场整体运行平稳，有效推动了重点排放行业企业节能低碳工作。

各地碳试点也对履约企业未履行报告核查以及未履约等行为的罚则进行了明确，未履行报告义务或未配合核查的罚款普遍在1万~5万元，未履约的普遍按未履约部分的1~3倍处以罚款，北京市最为严格，超出部分按市场均价3~5倍罚款。试点碳市场清缴履约情况如表8-6所示。

（五）向全国碳市场过渡

《管理办法》明确，纳入全国碳排放权交易市场的重点排放单位，不再参与地方碳排放权交易试点市场。除北京、天津、广东未参与全国碳市场第一个履约周期（将自2021年度起参与）外，其他五个试点碳市场地区的共145家电力企业已于2021年参与全国碳市场2019~2020年度履约。从各试点碳市场对纳入全国碳市场的重点排放单位的具体安排来看，天津市、深圳市明确不再承担地方试点履约责任，湖北省、福建省明确非发电行业扣除企业自备电厂对应的排放量后纳入地方碳市场管理。部分试点碳市场还明确了地方碳市场剩余配额的处理方法，如天津市明确对纳入全国碳市场的企业获得的试点配额予以注销；广东省则仍允许剩余配额的交易，对纳入全国碳市场电力企业（自备电厂除外）持有5000吨及以上的广东碳市场剩余配额予以冻结，并自2021年12月27日《广东省2021年度碳排放配额分配实施方案》发布后分3年解冻，每年解冻1/3，解冻后的配额可用于市场交易和企业履约。碳试点向全国碳市场过渡的情况如表8-7所示。

表8-6 试点碳市场清缴履约情况

分类		北京市	天津市	上海市	重庆市	湖北省	广东省	深圳市	福建省
碳信用抵销比例		不高于其当年核发碳排放配额量的5%	不得超出其当年实际碳排放量的10%	不得超过企业年度审定碳排放量的3%	不得超过企业年度审定碳排放量的8%	不超过该企业年度碳排放初始配额的10%	不得超过其企业年度实际碳排放量的10%，且2020年度抵销总量原则在150万吨以内	不高于管控单位年度碳排放量的10%	不得高于其当年经确认排放量的10%
CCER抵销要求	时间	2013年1月1日后实际产生的减排量	2013年1月1日后实际产生的减排量	所有核证减排量均应产生于2013年1月1日后	2010年12月31日后投入运行（碳汇项目不受此限）	—	非来自在清洁发展机制执行理事会注册前就已经产生减排量的清洁发展机制项目	—	—
	项目类型	非氢氟碳化物、全氟化碳、氧化亚氮、六氟化硫减排项目，非水电项目	仅CO_2减排项目，非水电项目	非水电项目	属于节能和提高能效项目，清洁能源和非水可再生能源项目，碳汇项目，能源活动、工业生产过程、农业、废弃物处理等领域减排项目	农村沼气、林业类项目	CO_2、CH_4减排项目占全部减排量的50%以上，非使用煤、油和天然气（不含煤层气）等化石能源的发电、供热和余能（含余热、余压、余气）利用项目，非水电项目	可再生能源和新能源(不含水电)、清洁交通、海洋固碳、林业碳汇、农业减排项目	仅CO_2、CH_4减排项目，非水电项目，用以抵销的非林业碳汇项目不得超过确认排放量的5%

续表

分类		北京市	天津市	上海市	重庆市	湖北省	广东省	深圳市	福建省
CCER抵销要求	项目地区	京外减排量不得超过配额量25%，优先河北、天津等签署相关协议的地区；非本市行政区内重点排放单位固定设施减排量	至少50%来自京津冀地区；非试点碳市场纳入企业排放边界范围内项目	非本市纳入配额管理的单位排放边界范围内	—	在本省行政区域内国定和省定贫困县；非纳管企业组织边界范围内	碳抵销总量的70%来自省内；非其他试点碳市场地区项目；非广东碳市场控排企业排放边界内	来自本市以及签署战略合作协议的地区，林业碳汇和农业减排项目无地域限制，本市企业在全国开发的项目无类型和地区限制；非管控单位碳核查边界范围内	来自本省行政区；非重点排放单位

续表

分类	北京市	天津市	上海市	重庆市	湖北省	广东省	深圳市	福建省
其他可供抵销的碳信用要求	节能项目碳减排量：来自本辖区内2013年1月1日后启动的技改或签合同的合同能源管理；需产生实际减排量，且按连续稳定运行1年间实际产生的减排量核算；试点期暂不考虑外购热力相关的节能项目；重点排放单位以及未完成节能目标的单位实施的节能项目除外 林业碳汇项目碳减排量：本辖区内2005年2月16日以来的碳汇造林、森林经营碳汇项目 北京低碳出行碳减排量	本市林业碳汇：本地林业碳汇项目由天津市地方主管部门备案，视同于京津冀地区温室气体自愿减排项目	—	“碳惠通”项目自愿减排量（CQCER）：项目投入运行于2014年6月19日之后；减排量产生于2016年1月1日之后；全部减排量原则上均应产生在重庆市行政区域内；非水可再生能源、绿色建筑、交通领域的二氧化碳减排，森林碳汇、农林领域的甲烷减少及利用，垃圾填埋处理及污水处理等方式的甲烷利用等项目	—	省级碳普惠核证减排量(PHCER):碳抵销总量的70%来自省内;非广东碳市场控排企业排放边界内;须符合《广东省关于碳普惠制核证减排量管理的暂行办法》要求	—	省级林业碳汇减排量(FFCER):项目应当是2005年2月16日之后开工建设，在本省行政区域内产生，项目业主具有独立法人

续表

分类		北京市	天津市	上海市	重庆市	湖北省	广东省	深圳市	福建省
对重点排放单位的罚则	未履行报告义务	逾期未改正的，处5万元以下罚款	—	逾期未改正的，视情节处以1万~3万元罚款	逾期未改正的，处以2万~5万元罚款	予以警告、限期履行，可处1万~3万元罚款	逾期未改正的，可处1万~3万元罚款	责令限期改正，并处与实际碳排放量的差额乘以违法行为发生当月之前连续六个月碳市场配额均价3倍的罚款	逾期未改正的，处以1万元以上3万元以下罚款
	未配合核查	逾期未改正的，处5万元以下罚款	—	逾期未改正的，视情节处以1万~5万元罚款	逾期未改正的，处以2万~5万元罚款	逾期未改正的，对其下一年度的配额按上一年度的配额减半核定	逾期未改正的，处以1万~3万元罚款，情节严重的，处以5万元罚款		逾期未改正的，处以1万元以上3万元以下罚款

续表

分类		北京市	天津市	上海市	重庆市	湖北省	广东省	深圳市	福建省
对重点排放单位的罚则	未履约	限期履行并超出部分按市场均价3~5倍罚款	差额部分在下一年度分配的配额中予以双倍扣除	逾期未改正的，视情节处以5万~10万元罚款	按清缴届满前一个月配额平均价格3倍处罚，3年内不得享受相关补助或评优，国企纳入领导班子绩效考核评价体系	按当年配额市场均价，对差额部分处以1~3倍，但最高不超过15万元的罚款，并在下一年度配额分配中扣除2倍	拒不履行清缴义务的，在下一年度配额中扣除未足额清缴部分2倍配额，并处5万元罚款	逾期未补交的，从其账户中强制扣除，并处超额排放量乘以履约当月之前连续六个月碳市场配额均价3倍的罚款	拒不履行的，在下一年度配额中扣除未足额清缴部分2倍配额，并处以清缴截止日前一年配额市场均价1~3倍罚款，但不超过3万元
企业履约清缴截止日		2021年10月15日	2021年6月30日	2021年9月30日	2022年1月31日	2021年9月之后[注]	2021年7月10日	2021年6月30日	2021年11月20日
履约率（2020年度）		未公布	100%	100%	未公布	未公布	100%	100%	100%

注：湖北省未公布2020年度履约日期安排，此处以《湖北省2020年度碳排放权配额分配方案》的发布时间作为参考。

表8-7　碳试点向全国碳市场过渡的情况

分类	北京市	天津市	上海市	重庆市	湖北省	广东省	深圳市	福建省
参与全国碳市场第一个履约周期情况	未参加（自2021年度起参加）	未参加（自2021年度起参加）	23家（履约率100%）	28家（按企业数量计，履约率约89%）	46家（履约率100%）	未参加（自2021年度起参加）	8家	40家（按企业数量计，履约率为95%）
进入全国碳市场的安排	—	不再承担试点履约责任，对其获得的试点配额予以注销	—	—	扣除企业自备电厂对应排放量后剩余部分对应的排放量作为湖北配额分配依据	为维护市场稳定，对纳入全国碳市场电力企业（自备电厂除外）持有5000吨及以上的广东碳市场剩余配额予以冻结，并在2021年度碳排放配额分配实施方案发布后分3年解冻，每年解冻1/3，解冻后的配额可用于市场交易和企业履约	不再参与深圳地方碳市场	不参与省碳市场管理，但含自备电厂的非发电企业扣除发电部分后剩余碳排放量纳入省碳市场管理

三、交易情况

（一）配额

1. 一级市场

截至2021年年底，共有六个试点碳市场开展一级市场配额有偿竞价，累计成交量4776.64万吨，成交额约16.44亿元人民币。其中：广东碳市场启动配额有偿发放工作最早且成交规模最大，自2013年起至今累计发放有偿配额1756.19万吨，成交额约8.15亿元；湖北碳市场自2014年启动有偿分配，累计拍卖配额1158.89万吨，成交额约2.98亿元人民币；重庆碳市场在2021年11月和12月启动了两次有偿竞价，累计成交量约880.54万吨，成交额约2.56亿元人民币；天津碳市场自2018年度履约起开展配额有偿竞价，累计成交量664.64万吨，成交额约1.48亿元人民币；上海碳市场也较早地开展了配额有偿发放工作， 2014年至2021年年底累计成交量308.88万吨，成交额约1.24亿元人民币；深圳碳市场于2014年举行首次拍卖，成交量约7.5万吨，成交额约266万元人民币。此外，福建碳市场曾在2016年发布过两次配额出让公告，出让配额共计10万吨，挂牌价格25元/吨，但未见成交结果公告。截至2021年年底我国试点碳市场配额一级市场成交情况如图8-1所示。

2. 二级市场

截至2021年年底，我国试点碳市场配额现货累计成交4.88亿吨，累计成交额约115.48亿元人民币。其中：广东碳市场交易规模遥遥领先，累计成交量、成交额分别达1.82亿吨、37.94亿元人民币；湖北碳市场累计成交量、成交额均位居第二，分别达0.96亿吨、21.72亿元人民币；深圳碳市场活跃度较高，在配额总量为八个试点最少的情况下，累计成交量仍能排名第三，超过6500万吨；北京碳市场因碳价相对较高，尽管累计成交量不足5000万吨，但累计成交额几乎与湖北持平，达约21.10亿元；上海碳市场累计成交量4500万吨左右，但因碳价较低，累计成交额约为北京的一半；天津、重庆、福建碳市场累计成交量则处于1000万~2000万吨，成交额均未超过5亿元人民币。截至2021年年底我国试点碳市场配额二级市场成交情况如图8-2所示。2013年6月至2021年年底我国试点碳市场成交价格变化情况如图8-3所示。

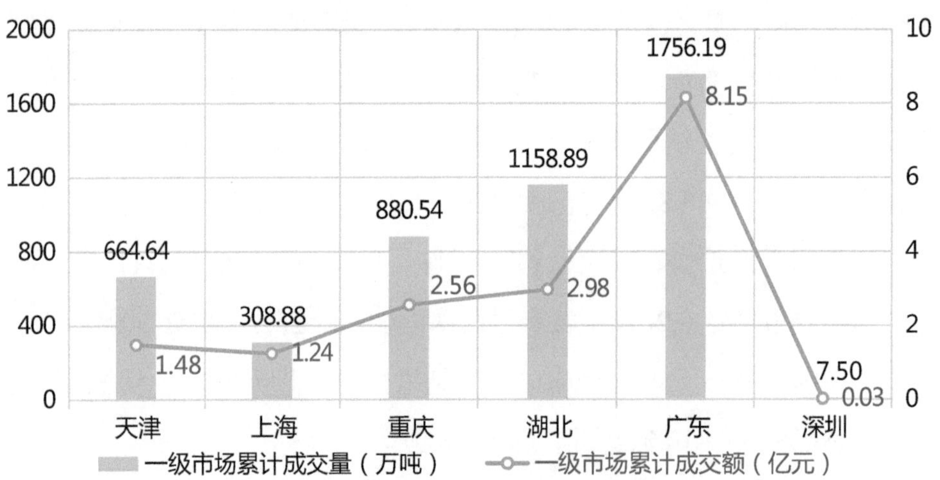

资料来源：各碳市场交易所，中节能碳达峰碳中和研究院。

图8-1　截至2021年年底我国试点碳市场配额一级市场成交情况

资料来源：各碳市场交易所，中节能碳达峰碳中和研究院。

图8-2　截至2021年年底我国试点碳市场配额二级市场成交情况

此外，上海、湖北、广东上线了配额现货远期交易产品。根据上海环境能源交易所，截至2021年年底，上海碳配额远期产品累计成交43708个（双边），累计成交量437.08万吨（双边），累计交易额1.58亿元人民币。根据湖北碳排放权交易中心的统计，截至2021年年底，湖北配额现货远期交易量、交易额分别为约2.58亿吨、61.88亿元人民币。根据广州碳排放权交易所2022年4月20日的官网数据，广东碳市场配额远期交易131笔，数量达1039万吨，金额达1.54亿元人民币。

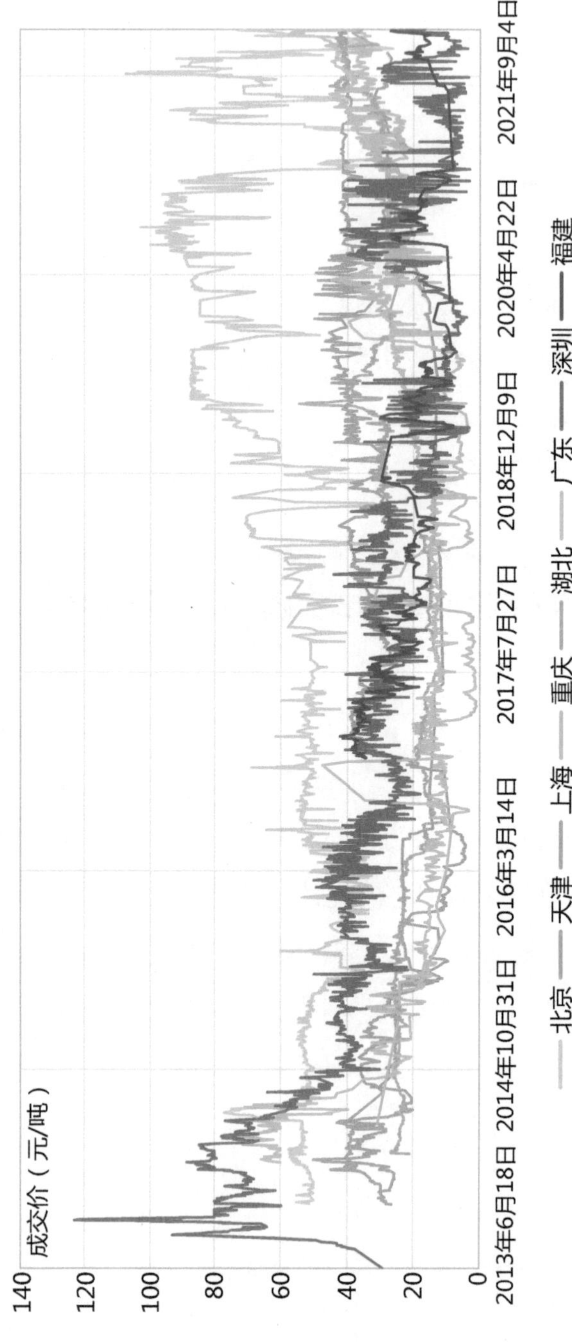

资料来源：各碳市场交易所，ICAP，中节能碳达峰碳中和研究院。

图8-3　2013年6月至2021年年底我国试点碳市场成交价格变化情况

3. 2021年配额交易情况

2021年，全国八个试点碳市场配额成交量达约8293.96万吨，成交额达约27.10亿元人民币，同比增长约6%、23%。其中：一级市场总成交量1490.58万吨、总成交额4.39亿元人民币，同比增长109%、117%，主要受重庆启动配额有偿发放工作拉动；二级市场总成交量6803.39万吨、总成交额22.71亿元人民币，同比增长−4%、14%，尽管受全国碳市场启动等影响，二级市场配额成交量略有下降，但因碳价有所提升，成交额仍然实现稳定提升。分碳市场来看：广东碳市场配额成交量与成交额均居于首位，分别为2750.58万吨、10.49亿元人民币，2021年一级市场无交易；重庆碳市场2021年交易活跃度显著提升，成交量、成交额跃居至第二位，分别达1971.47万吨、5.40亿元人民币，同比增长928%、1831%；湖北位列第三，成交量、成交额分别为979.48万吨、3.08亿元；天津、深圳、北京成交量也较可观，处于600万~900万吨水平；上海、福建碳市场成交量相对较低，处于200万吨水平；受发电行业纳入全国碳市场等影响，上海、湖北碳市场2021年成交量显著降低，同比下降65%、50%。2021年我国试点碳市场配额现货成交情况如表8-8所示。

从碳价情况来看，2021年北京碳价最高且波动幅度最大，其他试点碳价波动水平较平稳。整体来看：除深圳、福建外，试点碳市场年均成交价均有不同幅度上涨，北京碳价保持最高，年均成交价为61.44元/吨；重庆涨幅最大，年均成交价为26.05元/吨，同比上涨79%。从年内变化情况来看：2021年北京碳价波动幅度较大，为每吨30元至100元；天津、上海碳价全年分别平稳保持在30元/吨、40元/吨；重庆上半年碳价保

表8-8　2021年我国试点碳市场配额现货成交情况

试点碳市场	一级市场				二级市场				合计			
	成交量（万吨）	同比变化	成交额（亿元）	同比变化	成交量（万吨）	同比变化	成交额（亿元）	同比变化	成交量（万吨）	同比变化	成交额（亿元）	同比变化
北京					593.65	12%	3.65	33%	593.65	12%	3.65	33%
天津	275.73	−2%	0.76	33%	586.22	−18%	1.79	−3%	861.95	−13%	2.55	6%
上海	54.30	−74%	0.22	−74%	151.90	−60%	0.61	−59%	206.20	−65%	0.83	−65%
重庆	880.54		2.56		1090.93	469%	2.84	916%	1971.47	928%	5.40	1831%
湖北	280.00	57%	0.86	73%	699.48	−60%	2.22	−54%	979.48	−50%	3.08	−43%
广东					2750.58	−16%	10.49	26%	2750.58	−17%	10.49	24%
深圳					708.93	425%	0.80	199%	708.93	425%	0.80	199%
福建					221.70	124%	0.32	85%	221.70	124%	0.32	85%
总计	1490.58	109%	4.39	117%	6803.39	−4%	22.71	14%	8293.96	6%	27.10	23%

资料来源：各碳市场交易所，中节能碳达峰碳中和研究院。

说明：由于计算中的四舍五入，某一类数据相加之和可能与合计数据略有不同。

持在25元/吨左右，下半年上升至每吨30元至40元；湖北、广东价格均由年初30元/吨左右上升至下半年的40元/吨，广东碳价在12月还涨到约60元/吨；深圳由于不同品种配额碳价差异较大，成交均价变化幅度较大，每吨5元至50元；福建碳价则在每吨10元至25元之间波动。2021年我国试点碳市场配额价格变化情况如图8-4所示。

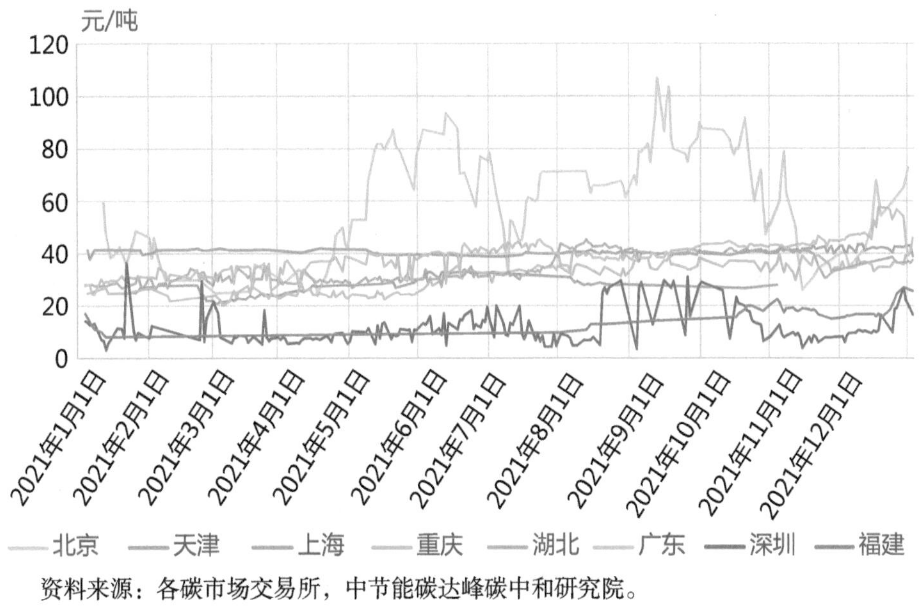

资料来源：各碳市场交易所，中节能碳达峰碳中和研究院。

图8-4　2021年我国试点碳市场配额价格变化情况

从流动性来看，2021年二级市场整体活跃度约为5.9%，深圳活跃度持续保持最高位。市场活跃度/换手率是衡量市场流动性的重要指标：自试点碳市场运行以来，深圳活跃度持续保持最高，2021年活跃度高达约32.2%；北京、重庆活跃度次之，分别达约11.9%、11.3%；广东约

6.3%，稍高于平均水平；其他地区处于5%以下。

（二）中国国家核证自愿减排量（CCER）

1. 一级市场

发展改革委累计公示已审定CCER项目2871个，备案项目1047个（公示861个），获得减排量备案项目287个（公示254个），合计备案减排量5294万吨[1]。其中：风电、光伏发电、农村户用沼气已备案项目数量较多，合计755个，约占项目总数量的72%；水电、风电、农村户用沼气类已备案减排量较多，合计3217万吨，约占总减排量的61%。我国CCER已备案项目预计年减排量及项目数量如图8-5所示。我国CCER已备案签发减排量及项目数量如图8-6所示。

2. 二级市场

截至2021年年底，全国CCER累计成交量达4.42亿吨，受全国碳市场拉动，2021年CCER成交量达约1.72亿吨，同比增长173%。分地区来看：上海碳市场的CCER成交量持续领先，累计成交量达1.70亿吨，占全国总量的39%；2021年成交6049.71万吨，占总35%。从历年累计情况看：广东碳市场排第二，成交量约7251.79万吨；天津碳市场近两年成交量大幅增加，截至2021年年底累计成交量达6362.49万吨，跃居至第三。

---

[1] CCER的备案签发主要包括几个步骤：①项目评估与项目设计文件编制（业主或咨询机构）；②项目审定（审定与核查机构）；③项目备案（国家主管部门，在CCER工作暂缓前为国家发改委）；④项目监测（业主或咨询机构）；⑤项目减排量核证（审定与核查机构）；⑥项目减排量备案签发（国家主管部门），经备案的减排量才可用于交易。故上述数据组之间并非并列关系，而是层层递进的。

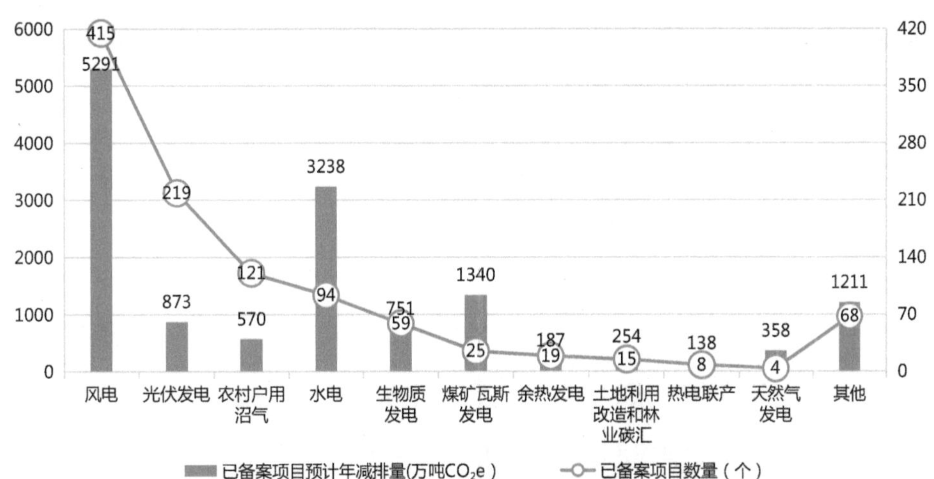

资料来源：美国环保协会和中创碳投《中国温室气体自愿减排交易现状分析报告》，中节能碳达峰碳中和研究院。

图 8-5　我国CCER已备案项目预计年减排量及项目数量

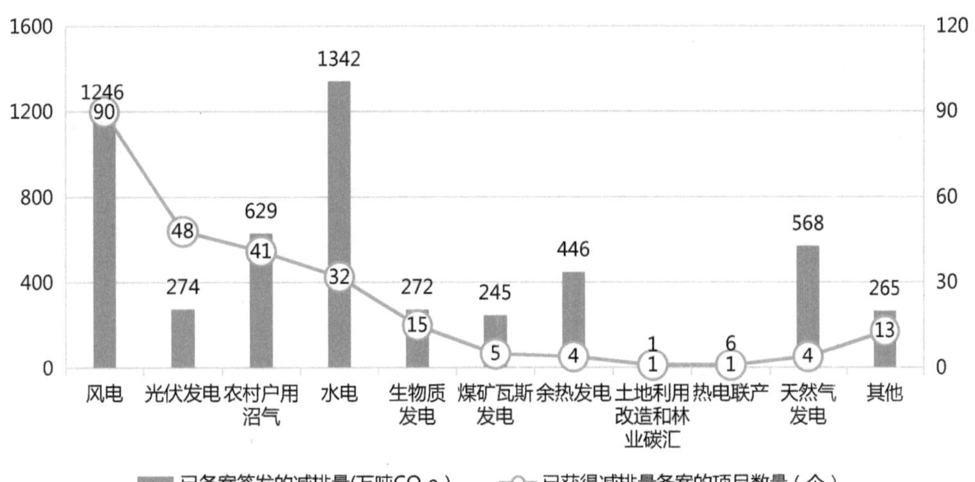

资料来源：美国环保协会和中创碳投《中国温室气体自愿减排交易现状分析报告》，中节能碳达峰碳中和研究院。

图8-6　我国CCER已备案签发减排量及项目数量

从2021年交易情况看：天津碳市场的成交量仅次于上海碳市场，达4211.89万吨；北京碳市场位居第三，成交量1935.37万吨。截至2021年年底我国各CCER交易机构成交量情况如图8-7所示。

CCER价格长期处于低位，截至2021年9月底，CCER累计成交均价约为8.84元/吨，仅为同期碳试点配额成交均价的1/3。根据《中国应对气候变化的政策与行动》白皮书，截至2021年9月30日，自愿减排量交易呈稳中有升态势，CCER累计成交量达3.34亿吨，成交额逾29.51亿元人民币，折算均价约为8.84元/吨（见表8-9）。同时，北京、天津、上海、重庆、广东、湖北、深圳七个试点碳市场累计配额成交量4.95亿吨，成交额约119.78亿元人民币。比较来看，我国CCER成交量约为配额成交量的2/3，但成交均价仅约为配额成交均价的1/3。

表8-9　国家公布的CCER成交数据情况

时间	累计成交量（亿吨CO_2e）	累计成交额（亿元）	资料来源	概算均价（元/吨）
截至2019年年底	超过2	逾16.4	《中国应对气候变化的政策与行动2020年度报告》	约8.2
截至2021年9月30日	3.34	逾29.51	《中国应对气候变化的政策与行动》白皮书	约8.84
2020年至2021年9月底[注]	约1.34	约13.11	—	约9.78

注：绿色行列信息为本书自行计算。

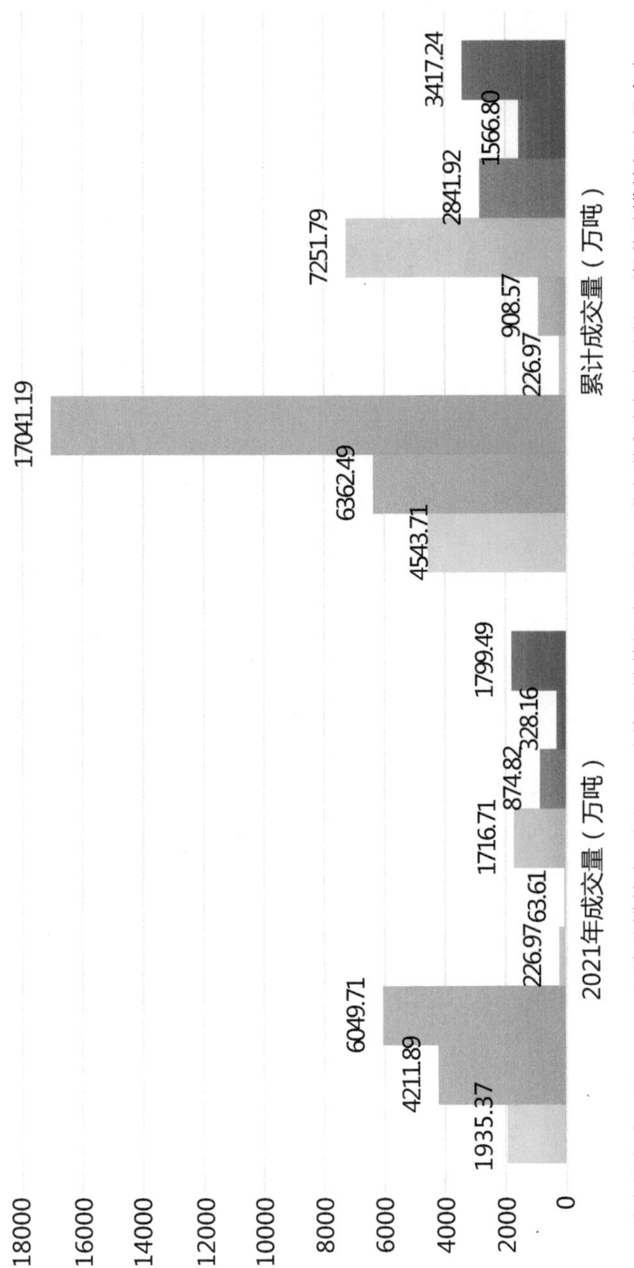

资料来源：四川联合环境交易所，中节能碳达峰碳中和研究院。

图8-7 截至2021年年底我国各CCER交易机构成交量情况

自2020年以来，随着“双碳”目标愿景的提出、全国碳市场的启动等，CCER需求走高，供给逐渐紧缺，价格呈现上涨趋势，至2021年年底，CCER价格普遍升至每吨30元至50元。以北京碳市场为例，根据北京绿色交易所的披露，CCER交易均价由2020年的19.26元/吨上升至2021年的35.93元/吨，同比上涨87%（见图8-8）。

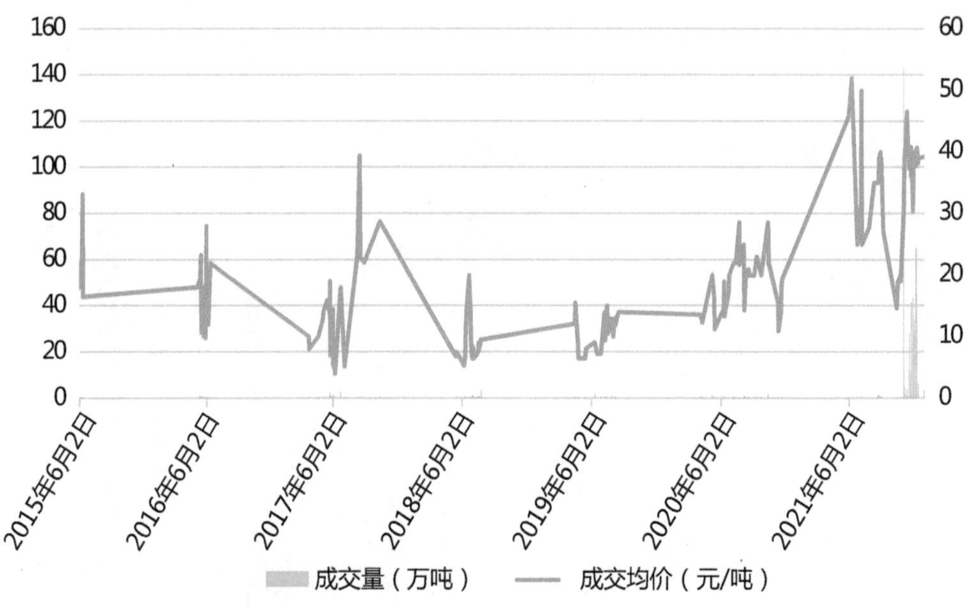

资料来源：北京市碳排放权电子交易平台，中节能碳达峰碳中和研究院。

图8-8　截至2021年年底北京碳市场CCER成交量与成交均价变化情况

根据上海环境能源交易所的披露，上海碳市场CCER成交价也由2020年上半年每吨5元至10元提升至下半年的每吨10元至25元；进入2021年，截至9月底，上海碳市场履约企业CCER成交均价为30.21元/

吨，较2020年同期上涨约19%。另外，2021年10月底全国碳市场明确了第一个履约周期CCER抵销的具体安排，掀起了CCER的抢购潮，进一步推动价格上涨。截至2021年12月底，全国碳市场履约企业CCER成交均价为40.09元/吨。2021年上海碳市场CCER月度成交情况见图8-9。

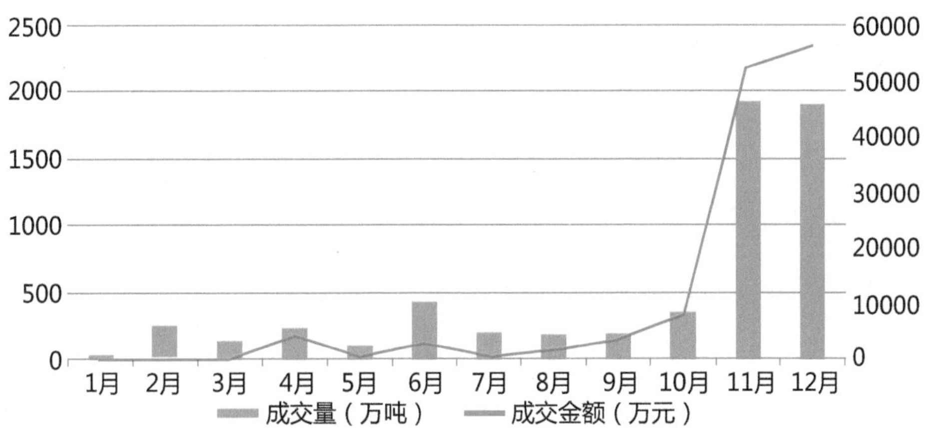

资料来源：上海环境能源交易所，中节能碳达峰碳中和研究院。

图8-9　2021年上海碳市场CCER月度成交情况

广州碳排放权交易所披露，受履约需求拉动，广东碳市场CCER（履约）价格在2021年6月底至11月中旬持续处于45元/吨的高位，广东碳普惠（PHCER）价格也处于40元/吨以上，而CCER（非履约）价格波动较大，每吨5元至40元（见图8-10）。

（三）地方碳信用

截至2021年年底，地方碳信用机制累计成交量突破1000万吨，累计成交额超过2.3亿元。除CCER交易外，北京、重庆、广东、福建等碳市场及河北、四川成都等非试点碳市场地区陆续开展本地碳信用机制交易。其中，广东碳普惠成交规模最大，截至2021年年底累计成交额已超过1.2亿元。截至2021年年底地方碳信用机制成交情况见表8-10。

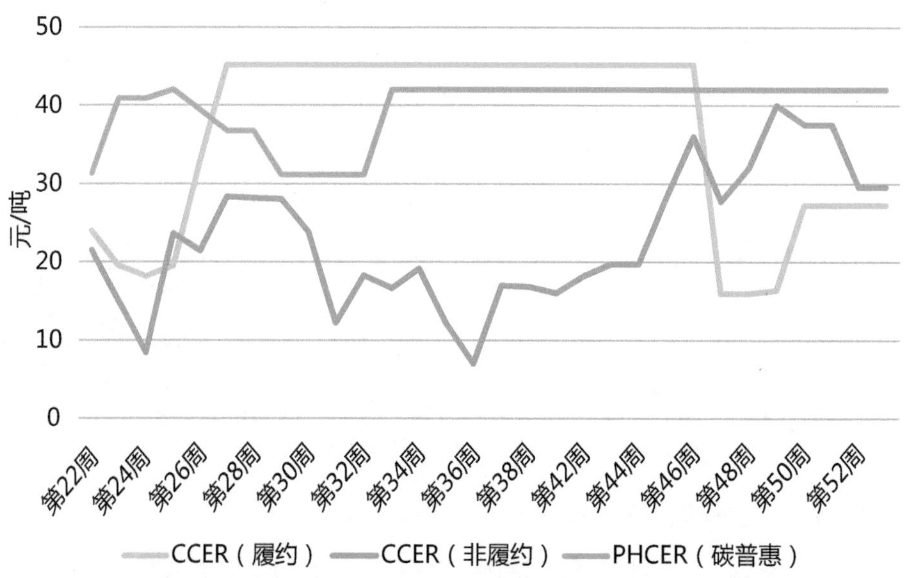

资料来源：广州碳排放权交易所，中节能碳达峰碳中和研究院。

图8-10 2021年自第22周起广东碳市场CCER与PHCER周度价格变化

表8-10 截至2021年年底地方碳信用机制成交情况

地区（碳市场）	碳信用机制	成交量（万吨）	成交额（万元）	时间节点
北京碳市场	林业碳汇	14	527	截至2021年年底
	机动车停驶自愿减排	3.5	130	截至2019年1月
	北京低碳出行碳减排	1.5		2021年9月4日
重庆碳市场	“碳惠通”项目	190.87	3992.88	截至2021年年底

续表

地区（碳市场）	碳信用机制	成交量（万吨）	成交额（万元）	时间节点
广东碳市场	广东省碳普惠项目	380.57	6851.93	截至2020年10月初
			8276.3	截至2020年12月
		107.29	4067.82	2021年
福建碳市场	林业碳汇	257	3862	截至2021年8月
	海洋碳汇	0.2		截至2021年年底
河北（非试点碳市场）	降碳产品价值实现机制	52.19	2315.1	截至2021年年底
四川成都（非试点碳市场）	“碳惠天府”	1.50		2021年12月20日消息，累计
总计		1008.62	23171.1	

注：与配额、CCER相比，地方碳信用交易的信息披露水平较低，因此本表数据主要根据各类公开渠道信息概算得出，仅供参考。

资料来源：碳交易所官网，新闻等各类公开渠道，中节能碳达峰碳中和研究院。

四、经验总结

尽管试点碳市场受市场分割单体体量较小、金融产品少等因素影响，市场规模、流动性及金融化程度都有待提升，尚未形成十分有效的价格发现和资源配置作用，但整体来看，地方碳市场重点排放单位履约率保持较高水平，市场覆盖范围内碳排放总量和强度保持双降趋势，有效促进了企业温室气体减排，强化了社会各界低碳发展的意识。同时，地方碳市场为全国碳市场的建设提供了宝贵的经验。一是建立了较健全的政策法规体系。二是制定了较为科学的总量限制的配额设定方法，并逐步探索配额有偿分配。三是在更广范围内实施监测报告核查工作，并研究制定地方行业基准值、先进值等，打下了坚实的碳排放数据基础。

四是探索了多种灵活交易方式，并引入机构投资者及个人参与交易，其中深圳碳市场还引入境外投资者。五是开展了碳金融探索创新，尽管目前各交易所不具备期货交易的资质，但在其他碳金融产品特别是融资工具上开展大量创新。六是创新发展了地方碳普惠机制。七是持续开展培训与能力建设，加强了各部门、重点排放单位和核查机构的基础能力，使关联产业得以培育发展，为全国碳市场建设培养锻炼了大批人才。

第九章　全国碳市场情况

在国内试点碳市场相关工作推进近十年，试点碳市场运行超过七年后，全国碳市场在2021年1月1日正式迎来第一个履约周期，并于同年7月16日启动上线交易。全国碳市场的建设运行成为继“碳达峰、碳中和”目标提出后，我国应对气候变化工作的又一里程碑事件，在国内外引起巨大反响。

一、制度体系

生态环境部在2020年至2021年密集出台多项政策，已基本构建形成了全国碳市场的制度框架，总体可归纳为“1+1+5”。“1”是行政法规《碳排放权交易管理暂行条例》（简称《暂行条例》），目前尚未正式出台。第二个“1”是部门规章《碳排放权交易管理办法（试行）》。“5”则是总量设定与配额分配方案，监测、报告、核查制度，注册、登记、交易、结算制度，清缴履约制度以及监管保障制度共5大配套制度。其中，总量设定与配额分配方案、清缴履约制度等政策文件通常按履约周期发布，碳排放监测、报告、核查相关工作安排通常按年发布。全国碳市场制度框架如表9-1所示。

表9-1　全国碳市场制度框架

类型	文件
行政法规	2021年3月30日，生态环境部发布《关于公开征求〈碳排放权交易管理暂行条例（草案修改稿）〉意见的通知》（环办便函［2021］117号）
部门规章	2021年1月5日，生态环境部发布《碳排放权交易管理办法（试行）》（自2021年2月1日起施行）
总量设定与配额分配方案	2020年12月30日，生态环境部发布《关于印发〈2019—2020年全国碳排放权交易配额总量设定与分配实施方案（发电行业）〉〈纳入2019—2020年全国碳排放权交易配额管理的重点排放单位名单〉并做好发电行业配额预分配工作的通知》（国环规气候［2020］3号）
监测、报告、核查（MRV）制度	2021年3月29日，生态环境部发布《关于加强企业温室气体排放报告管理相关工作的通知》（环办气候［2021］9号），附件包含《企业温室气体排放核算方法与报告指南 发电设施》
	2021年3月29日，生态环境部发布《企业温室气体排放报告核查指南（试行）》（环办气候函［2021］130号）
	2021年12月2日，生态环境部发布《关于公开征求〈企业温室气体排放核算方法与报告指南 发电设施（2021年修订版）〉（征求意见稿）意见的通知》（环办便函［2021］547号）
注册登记、交易、结算制度	2021年5月17日，生态环境部发布《关于发布〈碳排放权登记管理规则（试行）〉〈碳排放权交易管理规则（试行）〉和〈碳排放权结算管理规则（试行）〉的公告》（公告 2021年 第21号）
	2021年6月22日，上海环境能源交易所发布《关于全国碳排放权交易相关事项的公告》
清缴履约制度	2021年10月26日，生态环境部发布《关于做好全国碳排放权交易市场第一个履约周期碳排放配额清缴工作的通知》（环办气候函［2021］492号）
监管保障制度	2021年10月25日，生态环境部发布《关于做好全国碳排放权交易市场数据质量监督管理相关工作的通知》（环办气候函［2021］491号）

注：政策文件统计截至2021年12月31日。

二、时间安排

全国碳市场的第一个履约周期是2021年1月1日至2021年12月31日，履约目标年为2019、2020两个年度。与试点碳市场普遍将履约节点设置到次年6月不同，全国碳市场将第一个履约周期截止日设置在2021年年底。2021年，各省级生态环境主管部门需组织全国碳市场的参与企业4月底前完成数据填报工作； 6月底前完成第三方核查数据报送；在9月底前完成2019年至2020年度配额核定工作，最终在年底前完成配额的清缴履约工作。另外，各省级生态环境主管部门还需在6月底前完成2021年度发电行业重点排放单位名录报送工作，并在2021年年底前完成尚未纳入全国碳市场交易的重点行业（石化、化工、建材、钢铁、有色、造纸、航空等）重点排放单位2020年度碳排放数据报送与核查工作，为后续履约周期做好准备。2021年全国碳市场工作安排如表9-2所示。

表9-2 2021年全国碳市场工作安排

分类	时间节点	主要任务
全国碳市场第一个履约周期	2021年1月1日	全国碳市场第一个履约周期正式启动
	2021年4月底前	发电行业完成2020年度碳排放数据填报
	2021年6月底前	发电行业完成核查数据报送
	2021年7月16日	全国碳市场上线交易正式启动
	2021年9月底前	完成发电行业重点排放单位2019年至2020年的配额核定工作
	2021年12月15日前	重点排放单位进行CCER自愿注销
	2021年12月15日	本行政区域95%重点排放单位完成履约
	2021年12月底前	本行政区域100%重点排放单位完成履约

续表

分类	时间节点	主要任务
除发电行业的重点排放单位	2021年9月底前	除发电行业外，七大重点排放行业（石化、化工、建材、钢铁、有色、造纸、航空等）重点排放单位完成2020年度碳排放数据填报
	2021年12月底前	除发电行业外，七大重点行业重点排放单位完成核查数据报送
2021年度名录	2021年6月底前	各省级生态环境主管部门向生态环境部报送本行政区域2021年度发电行业重点排放单位名录，并向社会公开

资料来源：2021年1月5日生态环境部碳排放权交易管理政策媒体吹风会、《关于加强企业温室气体排放报告管理相关工作的通知》、《关于做好全国碳排放权交易市场第一个履约周期碳排放配额清缴工作的通知》、中节能碳达峰碳中和研究院。

三、覆盖范围

第一个履约周期共纳入2162家发电企业参与交易，覆盖约45亿吨二氧化碳年排放量，集中分布在东部地区，约6.7%的企业来自试点碳市场地区。《碳排放权交易管理办法（试行）》规定，将全国碳市场覆盖行业的年度温室气体排放量达到2.6万吨二氧化碳当量的重点排放单位纳入碳市场。全国碳市场第一个履约周期将发电行业（含其他行业自备电厂）2013年至2019年任一年温室气体排放量达到2.6万吨二氧化碳当量（综合能源消费量约1万吨标准煤）及以上的企业纳入履约。经筛选确定，生态环境部于2020年12月30日发布《纳入2019—2020年全国碳排放权交易配额管理的重点排放单位名单》（以下简称《名单》），公示了2225家重点排放单位（见图9-1）。后经调整，最终确定2162家企业参与交易履约。生态环境部披露，全国碳市场第一个履约周期覆盖约45亿吨二氧化碳年排放量，平均每家企业年排放量约208万吨。履约企业集中分布在东部地区，特别是山东、江苏、内蒙古、浙江等地。经统计，第一个履约周期共有145家履约企业来自试点碳市场地区，约占实际参与碳市场的履约企业的6.7%，绝大多数履约企业没有参与碳市场的经验。

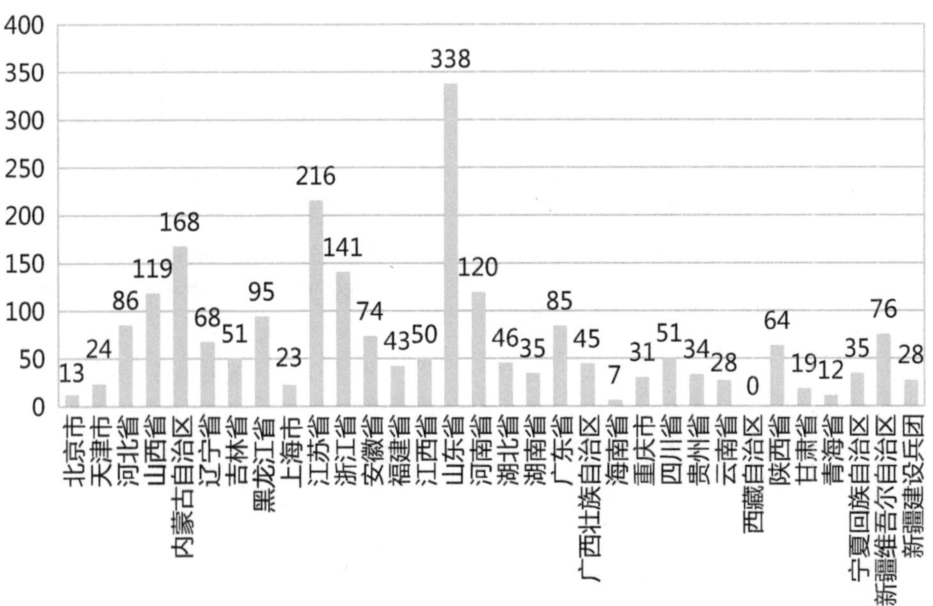

注：《名单》披露企业共计2225家，但最终纳入全国碳市场的仅2162家企业，与该图信息相比减少63家，故该图仅供参考。

资料来源：《纳入2019—2020年全国碳排放权交易配额管理的重点排放单位名单》，中节能碳达峰碳中和研究院。

图9-1　纳入2019—2020年全国碳排放权交易配额管理的重点排放单位分布情况

全国碳市场覆盖范围如表9-3所示。

表9-3　全国碳市场覆盖范围

分类	《碳排放权交易管理办法（试行）》规定	第一个履约周期
纳入行业	由生态环境部拟订，按程序报批后实施，并向社会公开	发电行业
覆盖温室气体种类		二氧化碳
温室气体重点排放单位	（一）属于全国碳排放权交易市场覆盖行业； （二）年度温室气体排放量达到2.6万吨二氧化碳当量	发电行业（含其他行业自备电厂）2013—2019年任一年排放达到2.6万吨二氧化碳当量（综合能源消费量约1万吨标准煤）及以上，最终确定2162家企业
覆盖时间范围	应当在生态环境部规定的时限内，清缴上年度的碳排放配额	受新冠肺炎疫情与数据掌握情况的影响，第一个履约周期的履约年份包括2019年、2020年两年
不参与的情形	（一）连续二年温室气体排放未达到2.6万吨二氧化碳当量的； （二）因停业、关闭或者其他原因不再从事生产经营活动，因而不再排放温室气体的	因涉及与地方碳市场的衔接，包括以下两种情况： • 已参加地方碳市场2019年度配额分配但未参加2020年度配额分配的重点排放单位：暂不要求参加全国碳市场2019年度的配额分配和清缴 • 已参加地方碳市场2019年度和2020年度配额分配的重点排放单位：暂不要求其参加全国碳市场2019年度和2020年度的配额分配和清缴

四、基本框架

（一）总量设定与配额分配

全国碳市场第一个履约周期采取以强度控制为基本思路的行业基准法，实行免费分配，总量通过“自下而上”的加和确定。与国外大多数碳市场不同，我国全国碳市场并未设定总量上限，而是采取“自下而上”的方法，综合考虑经济增长预期、实现控制温室气体排放行动目标、疫情对经济社会发展的影响等因素，对标行业先进碳排放强度水平确定基准线，基于实际产量确定重点排放单位的配额，然后对核定的配额数量进行加和形成总量。2019年至2020年度配额实行全部免费分配，基准值情况详见表9-4。在配额分配流程方面，首先由省级生态环境部门按照2018年度供电（热）量的70%进行预分配，待2019年至2020年度碳核查完成后最终核定配额量，多退少补。该方法既体现了奖励先进、惩戒落后的原则，也兼顾了当前我国将二氧化碳排放强度列为约束性指标要求的制度安排（见图9-2）。

表9-4　全国碳市场2019年至2020年度配额分配基准值情况

机组类别	机组类别范围	供电基准值（tCO_2/MWh）	供热量修正系数	冷却方式修正系数	负荷（出力）系数修正系数	供热基准值（tCO_2/GJ）
I	300MW 等级以上常规燃煤机组	0.877	1~0.22×供热比	水冷：1 空冷：1.05	F≥85%：1.0 80%≤F<85%：1+0.0014×（85－100F） 75%≤F<80%：1.007+0.0016×（80－100F）	0.126
II	300MW 等级及以下常规燃煤机组	0.979			F<75%：1.015×（16－20F）	0.126

续表

机组类别	机组类别范围	供电基准值（tCO_2/MWh）	供热量修正系数	冷却方式修正系数	负荷（出力）系数修正系数	供热基准值（tCO_2/GJ）
III	燃煤矸石、水煤浆等非常规燃煤机组（含燃煤循环流化床机组）	1.146				0.126
IV	燃气机组	0.392	1~0.6×供热比	—	—	0.059

注：F为机组负荷（出力）系数，单位为%。

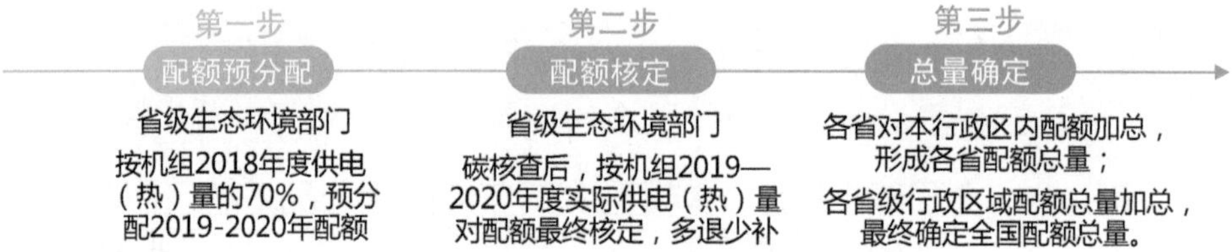

第一步
配额预分配
省级生态环境部门
按机组2018年度供电（热）量的70%，预分配2019-2020年配额

第二步
配额核定
省级生态环境部门
碳核查后，按机组2019—2020年度实际供电（热）量对配额最终核定，多退少补

第三步
总量确定
各省对本行政区内配额加总，形成各省配额总量；
各省级行政区域配额总量加总，最终确定全国配额总量。

资料来源：《2019—2020年全国碳排放权交易配额总量设定与分配实施方案（发电行业）》，中节能碳达峰碳中和研究院。

图9-2　全国碳市场2019年至2020年度配额分配流程

（二）监测、报告、核查（MRV）机制

与全国碳市场纳入履约的范围相比，我国企业碳排放监测、报告、核查工作的行业范围由发电行业扩大至包含发电在内的八大行业，而排放量门槛则与履约企业一致。2021年我国企业温室气体排放报告管理的工作范围为发电、石化、化工、建材、钢铁、有色、造纸、航空等八大重点排放行业的2013年至2020年任一年温室气体排放量达2.6万吨二氧

化碳当量（综合能源消费量约1万吨标准煤）及以上的企业或其他经济组织。碳排放报告单位的排放门槛要求与《碳排放权交易管理办法（试行）》要求的重点排放单位排放门槛一致。碳排放的核算范围覆盖直接排放与外购电力、热力产生的间接排放。碳排放监测主要采用间接法，即采用因子法等进行碳排放核算。具体流程如图9-3所示。

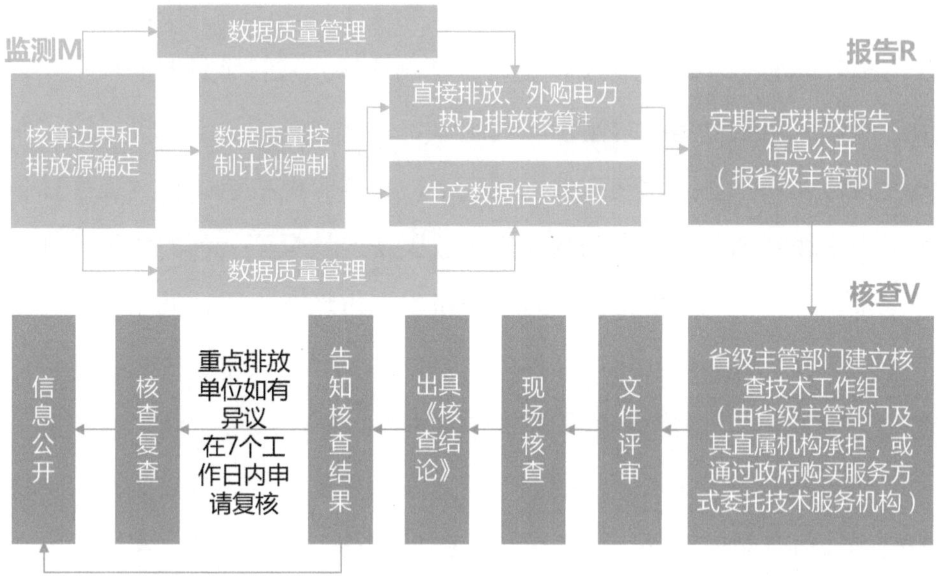

注：对目前已纳入履约的发电行业重点排放单位而言，其核算范围为该单位所拥有的发电机组产生的二氧化碳排放，包括化石燃料消费产生的直接二氧化碳排放和净购入电力所产生的间接二氧化碳排放。

资料来源：《企业温室气体排放核算方法与报告指南 发电设施》《企业温室气体排放报告核查指南（试行）》等，中节能碳达峰碳中和研究院。

图9-3　重点排放单位监测、报告、核查（MRV）工作流程

全国碳市场第一个履约周期通过设置高缺省值推动发电行业建立基

于实测法的碳排放核算体系。燃煤发电行业企业的碳排放核算是发电行业碳排放核算的重点和难点，由于我国普遍存在煤种掺烧的问题，为准确评估企业燃煤碳排放量、倒逼企业使用优质煤，国家核算指南中明确要求企业实际测量入炉煤的元素碳含量。但在碳排放报告核查工作开展的初期，由于碳排放核算能力和工作动力不足，采取实测法的企业并不多。全国碳市场启动履约后，生态环境部在《企业温室气体排放核算方法与报告指南 发电设施》中提出，未实测燃煤元素含碳量的需采用缺省值。对比全国碳市场履约基准线、燃煤含碳量缺省值及国家煤电碳排放强度目标发现：在采用缺省值的情景下，各类煤电机组碳排放强度显著高于碳市场基准值；在实测烟煤碳排放因子的情景下，各类机组碳排放强度均低于碳市场基准值；并且各类机组碳市场基准值均低于《电力发展“十三五”规划（2016—2020年）》中的2020年煤电碳排放强度目标值（见表9-5）。这意味着采用缺省值的履约企业须清缴更多的配额，而定期实测煤炭碳排放因子的履约企业在当前基准线较宽松的背景下将大概率获得盈余的配额。由此可见，推动履约企业建立基于实测法的碳排放核算体系，以掌握真实的碳排放数据，是全国碳市场现阶段重点工作目标之一。但高缺省值的设计也带来一定隐患：一方面，随着采取实测的企业比例逐渐提高，配额将越来越宽松；另一方面，由于高缺省值会给一些电厂增加数百万元甚至数千万元的配额履约支出，部分守法意识薄弱的企业在利益驱使下可能会进行数据造假，2021年7月曝出的全国碳市场首例数据造假案——内蒙古鄂尔多斯高新材料有限公司虚报碳排放报告案，便是涉案企业通过伪造煤炭检测报告日期以规避使用缺省值。因此，根据企业碳排放报告情况及时更新完善核算指南，并加强数据质量监管与能力建设，是保障碳市场工作得以有效实施的关键。

表9-5 全国碳市场2019—2020年度碳排放强度基准值与国际能源署（IEA）情景分析对比情况

类别	IEA情景[1]			全国碳市场基准值	2020年规划目标值[2]
	缺省情景	均衡情景	烟煤情景		
供电（吨二氧化碳/兆瓦·时）					
300兆瓦以上常规燃煤	1.085	0.846	0.846	0.877	0.865
300兆瓦及以下常规燃煤	1.241	1.218	0.968	0.979	
非常规燃煤：循环流化床	1.196	1.138	0.933	1.146	
供热（吨二氧化碳/吉焦）					
燃煤	0.154	0.144	0.121	0.126	

注：1. 缺省情景：没有煤电机组监测其燃料二氧化碳排放因子，《企业温室气体排放核算方法与报告指南 发电设施》缺省值（122kg CO_2/GJ，根据单位热值含碳量缺省值33.56kg C/GJ、99%碳氧化率折算）适用于所有机组。

烟煤情景：所有机组都实测其燃料二氧化碳排放因子。考虑到国内燃煤电厂主要使用“其他烟煤”，故参考2006年IPCC指南中“其他烟煤”的碳排放强度95kg CO_2/GJ进行计算。

均衡情景：部分煤电机组监测其燃料二氧化碳排放因子。IEA假设——超临界、超超临界机组以及600兆瓦等级及以上的大型亚临界机组监测其燃料排放因子；600兆瓦等级以下的循环流化床、高压和亚临界机组由于监测、报告和核查能力不足将使用燃料二氧化碳因子缺省值。

2. 2020年规划目标值：根据《电力发展“十三五”规划（2016—2020年）》，到2020年，煤电机组二氧化碳排放强度下降到865克/千瓦·时。

资料来源：《企业温室气体排放核算方法与报告指南 发电设施》《电力发展“十三五”规划（2016—2020年）》，IEA China Emissions Trading Scheme: Designing efficient allowance allocation等，中节能碳达峰碳中和研究院。

（三）交易机制

全国碳市场第一个履约周期仅允许重点排放单位之间开展碳排放配

额（CEA）现货交易。由全国碳排放权交易机构负责组织开展全国碳排放权集中统一交易，在全国碳排放权交易机构成立前，由上海环境能源交易所股份有限公司（以下简称交易机构）承担全国碳排放权交易系统（以下简称交易系统）账户开立和运行维护等具体工作。

在交易方式方面，《碳排放权交易管理规则（试行）》明确规定，碳排放权交易应当通过交易系统进行，可以采取协议转让、单向竞价或者其他符合规定的方式。其中，协议转让包括挂牌协议交易和大宗协议交易；在单向竞价方面，根据市场发展情况，交易系统目前提供单向竞买功能。目前，交易机构已发布协议转让（挂牌协议、大宗协议）业务规定，单向竞价相关业务规定则由交易机构另行公告（见表9-6）。

表9-6　2021年全国碳市场碳排放配额（CEA）采用的交易方式

交易方式	具体内容	交易方式分类	具体内容	全国碳市场要求	
				单笔买卖申报数量（二氧化碳当量）	成交价格
协议转让	交易双方协商达成一致意见并确认成交	挂牌协议交易	交易主体查看实时挂单行情，以价格优先的原则，在对手方实时最优五个价位内以对手方价格为成交价依次选择，提交申报完成交易。同一价位有多个挂牌申报的，交易主体可以选择任意对手方完成交易。成交数量为意向方申报数量	应当小于10万吨	在上一个交易日收盘价的±10%之间确定

续表

交易方式	具体内容	交易方式分类	具体内容	全国碳市场要求	
				单笔买卖申报数量（二氧化碳当量）	成交价格
协议转让		大宗协议交易	交易主体可发起买卖申报，或与已发起申报的交易对手方进行对话议价或直接与对手方成交。交易双方就交易价格与交易数量等要素协商一致后确认成交	应当不小于10万吨	在上一个交易日收盘价的±30%之间确定
单向竞价	交易主体向交易机构提出卖出或买入申请，交易机构发布竞价公告，多个意向受让方或者出让方按照规定报价，在约定时间内通过交易系统成交	单向竞买	交易主体向交易机构提出卖出申请，交易机构发布竞价公告，符合条件的意向受让方按照规定报价，在约定时间内通过交易系统成交	单向竞价相关业务规定由交易机构另行公告	
配额有偿发放	适用单向竞价相关规定				

资料来源：《碳排放权交易管理规则（试行）》，《上海环境能源交易所关于全国碳排放权交易相关事项的公告》等，中节能碳达峰碳中和研究院。

在风险控制方面，生态环境部可以根据维护全国碳排放权交易市场健康发展的需要，建立市场调节保护机制。交易机构则应建立风险管理制度，实行涨跌幅限制制度、最大持仓量限制制度、大户报告制度、风险警示制度、异常交易监控制度，并建立风险准备金制度。

（四）清缴履约机制

在清缴量方面，考虑到个别企业的承受能力，全国碳市场第一个履约周期对企业配额缺口量做出了上限核定排放量的20%的设计，即企业最大履约量为在其免费获得的配额量基础上，再加20%的核定排放量。例如，若某家重点排放单位经核定的排放量为100万吨，而根据配额分配基准值计算得出的配额量为75万吨，则其需要清缴的配额缺口为100 × 20%=20万吨，而非核定排放量与配额量的差值25万吨。全国碳市场第一个履约周期重点排放单位履约组合说明如图9-4。

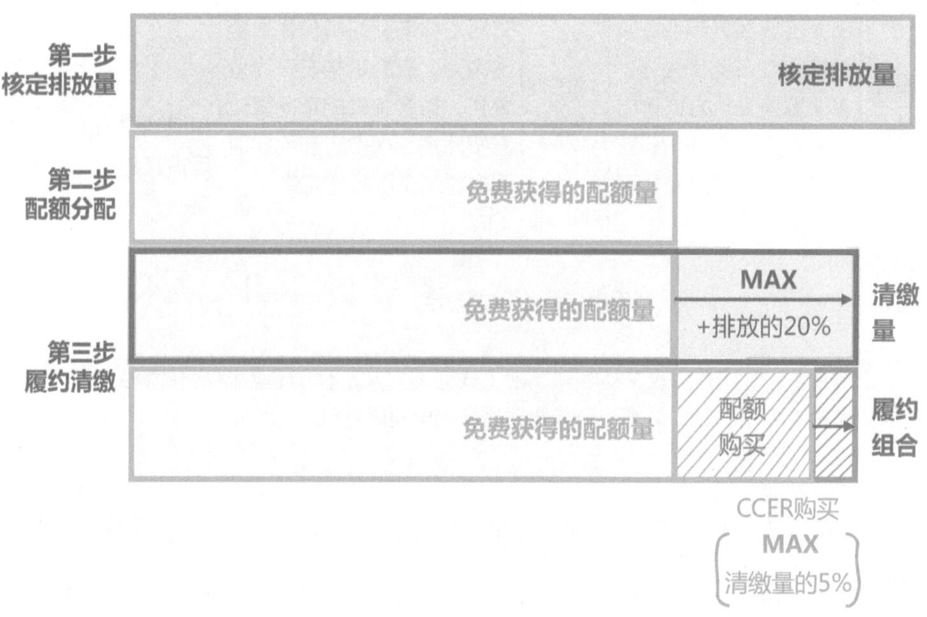

资料来源：《碳排放权交易管理办法（试行）》，《2019—2020年全国碳排放权交易配额总量设定与分配实施方案（发电行业）》，《关于做好全国碳排放权交易市场第一个履约周期碳排放配额清缴工作的通知》，中节能碳达峰碳中和研究院。

图9-4　全国碳市场第一个履约周期重点排放单位履约组合说明

在抵销机制方面，全国碳市场允许使用CCER抵销，比例不超过清缴量的5%。2021年10月26日，生态环境部发布《关于做好全国碳排放权交易市场第一个履约周期碳排放配额清缴工作的通知》（以下简称《清缴通知》），正式明确第一个履约周期可以使用CCER抵销，抵销比例不超过清缴量的5%，且不得来自纳入全国碳市场配额管理的减排项目。根据《清缴通知》，在第一个履约周期，履约企业可通过在国家温室气体自愿减排注册登记系统开设账户，在9个经备案的温室气体自愿减排交易机构开立交易账户进行交易，然后向省级生态环境主管部门提交申请，申请得到确认后，在国家自愿减排注册登记系统"自愿注销"。

在重点排放单位罚则方面，虚报或瞒报碳排放的以及未按时履约的将分别处以一万元以上三万元以下、二万元以上三万元以下罚款，逾期未改正的将等量核减下一年配额。重点排放单位虚报、瞒报或者拒绝履行温室气体排放报告义务的，由所在地设区的市级以上地方生态环境主管部门责令限期改正，处一万元以上三万元以下的罚款；逾期未改正的，由所在地省级生态环境主管部门测算其温室气体实际排放量，并将该排放量作为碳排放配额清缴的依据，对虚报、瞒报部分，等量核减其下一年度碳排放配额。重点排放单位未按时足额清缴碳排放配额的，由其所在地设区的市级以上地方生态环境主管部门责令限期改正，处二万元以上三万元以下的罚款；逾期未改正的，对欠缴部分，由所在地省级生态环境主管部门等量核减其下一年度碳排放配额。

（五）信息系统

目前全国碳市场共有三个信息系统，分别是全国碳排放权注册登记系统、全国碳排放权交易系统及碳排放数据报送系统。其中，全国碳排放权注册登记系统和交易系统分别由湖北省和上海市牵头承建，北京市、天津市、重庆市、广东省、江苏省、福建省和深圳市共同参与系统建设和运营。在全国碳市场的第一个履约周期，由于全国碳排放权注册登记机构与交易机构并未正式成立，根据生态环境部的安排，分别由湖北碳排放权交易中心有限公司、上海环境能源交易所股份有限公司承担具体工作。碳排放数据报送系统则依托全国排污许可证管理信息平台建成，由生态环境部环境工程评估中心提供支持（见表9-7）。

表9-7　全国碳市场信息系统建设情况

系统名称	功能	前期承建	系统建设和运营
全国碳排放权注册登记系统	记录碳排放配额的持有、变更、清缴、注销等信息，并提供结算服务	由湖北省承建，湖北碳排放权交易中心牵头建设，采用“两地三中心、同城双活”架构设计，在武汉建设主备数据中心，北京为异地灾备中心	由全国碳排放权注册登记机构负责（北京、天津、上海、重庆、广东、湖北、江苏、福建和深圳共同参与）。在全国碳排放权注册登记机构成立前，由湖北碳排放权交易中心有限公司承担全国碳排放权注册登记系统账户开立和运行维护等具体工作
全国碳排放权交易系统	负责全国碳排放权集中统一交易	由上海市承建，上海联合产权交易所作为项目法人主体、上海环境能源交易所作为技术支撑机构共同推进	由全国碳排放权交易机构负责（北京、天津、上海、重庆、广东、湖北、江苏、福建和深圳共同参与）。在全国碳排放权交易机构成立前，由上海环境能源交易所股份有限公司承担全国碳排放权交易系统账户开立和运行维护等具体工作
碳排放数据报送系统	全国统一、分级管理的碳排放数据报送信息系统	依托全国排污许可证管理信息平台建成	由生态环境部环境工程评估中心提供碳排放数据报送功能模块技术支持

（六）监管体系

全国碳市场的总量配额、履约清缴、碳排放报告核查等工作主要由生态环境部及省级生态环境主管部门负责监督管理，设区的市级生态环境主管部门负责配合落实相关具体工作，并监督检查重点排放单位温室气体排放和配额清缴情况（见表9-8）。

表9-8　全国碳市场对重点排放单位的监管体系

监管主体	具体事项
生态环境部	•制定全国碳排放权交易及相关活动的技术规范 •对地方配额分配、温室气体排放报告与核查的监督管理 •会同国务院其他有关部门对全国碳排放权交易及相关活动进行监督管理和指导 •定期公开重点排放单位年度碳排放配额清缴情况等信息
省级生态环境主管部门	•负责在本行政区域内组织开展配额分配和清缴、温室气体排放报告的核查等相关活动，并进行监督管理 •定期公开重点排放单位年度碳排放配额清缴情况等信息
设区的市级生态环境主管部门	•负责配合省级生态环境主管部门落实相关具体工作 •采取“双随机、一公开”的方式，监督检查重点排放单位温室气体排放和碳排放配额清缴情况，相关情况按程序报生态环境部

五、交易情况

全国碳市场第一个履约周期累计成交量约1.79亿吨，成交额达76.61亿元人民币，交易集中在履约截止前一个月，约占总成交量的76%。全国碳市场于2021年7月16日正式上线交易，至2021年年底第一个履约周期结束，累计运行114个交易日。11月至12月因临近履约，交易频繁，特别是12月，成交量、成交额达1.36亿吨、58.14亿元，月成交量约占总成交量的76%，日均成交量、成交额达589.42万吨、2.53亿元。其他时期交易活跃度较低，特别是8月底至9月中旬流动性较弱，甚至曾在9月6日出现日成交量10吨、成交额440元的最低值（见图9-5）。

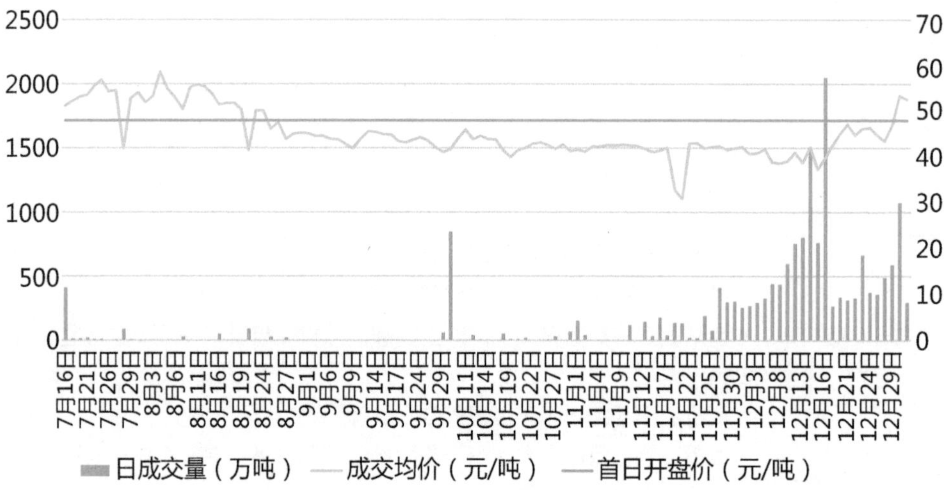

资料来源：湖北碳排放权交易中心、上海环境能源交易所，中节能碳达峰碳中和研究院。

图9-5 全国碳市场每日成交情况（截至2021年12月31日）

全国碳市场碳价整体处于每吨40元至60元，年均成交价为42.85元/吨。2021年7月16日，全国碳市场首日开盘价48元/吨，12月31日截止日的收盘价为54.22元/吨，较首日开盘价上涨13%。开市前期及临近第一个履约周期截止日的价格处于高位，约每吨50元至60元，运行中期价格相对处于低位，约每吨40元至50元，全年成交均价为42.85元/吨。具体如图9-6所示。与地方试点碳市场的碳价相比，全国碳市场碳价处于较高水平，日均价低于北京碳市场的碳价，与上海、湖北、广东碳价相近（见图9-7）。

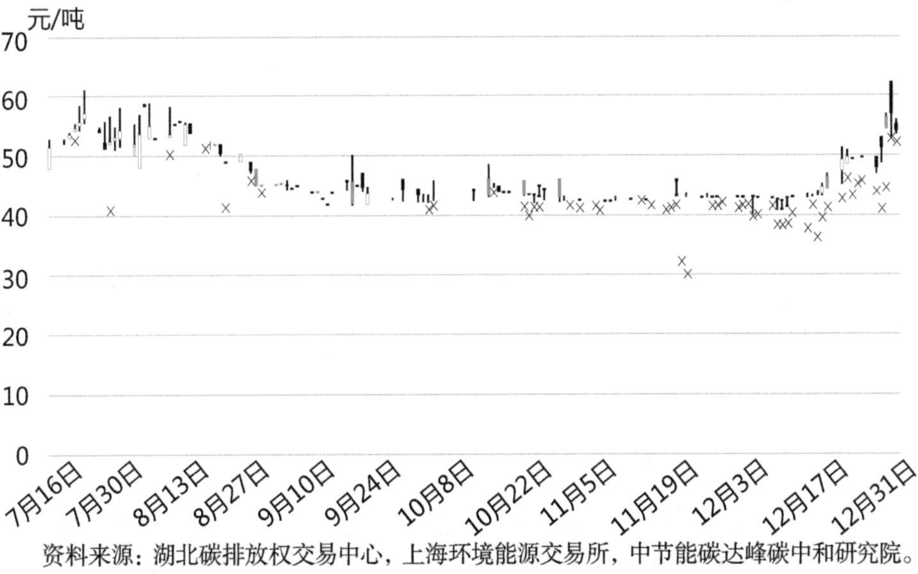

资料来源：湖北碳排放权交易中心，上海环境能源交易所，中节能碳达峰碳中和研究院。

图9-6 全国碳市场CEA价格每日变化情况（截至2021年12月31日）

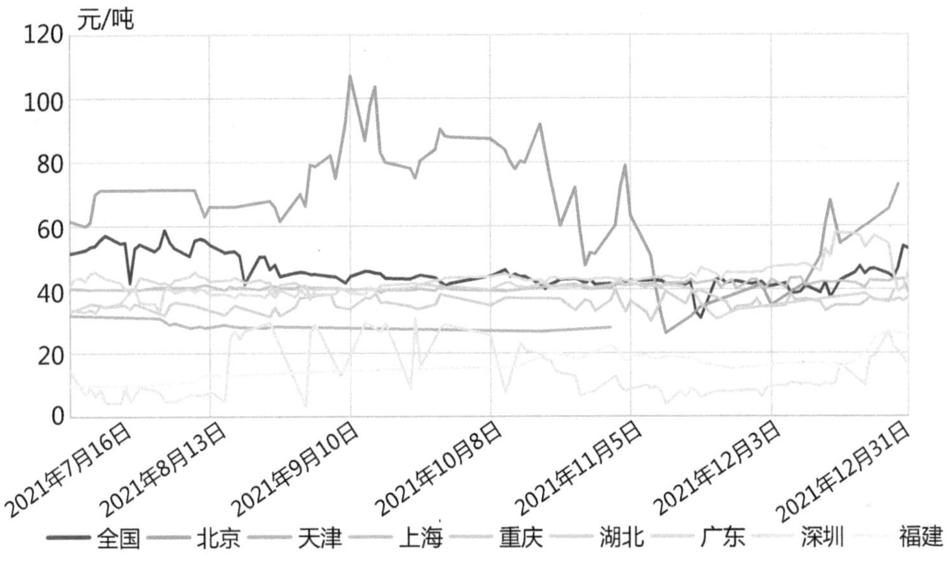

资料来源：各碳市场交易所，中节能碳达峰碳中和研究院。

图9-7 2021年全国碳市场碳价vs各试点碳市场碳价

从交易类型看，以大宗协议交易为主，其成交量、成交额均占全国碳市场的80%以上，挂牌协议交易有限但均价较高。如表9-9所示，在全国碳市场第一个履约周期，大宗协议交易累计成交量达14801.48万吨、成交额约达62.10亿元，分别占全国碳市场的83%、81%。挂牌协议交易成交量有限，仅为3077.46万吨，成交额约14.51亿元。从成交均价来看，挂牌协议交易均价为47.16元/吨，而大宗协议交易成交均价为41.95元/吨，比挂牌协议交易均价低5.21元/吨。

表9-9 全国碳市场不同交易类型的交易情况（截至2021年12月31日）

交易方式	成交量（万吨）	成交额（万元）	均价（元/吨）	交易天数（天）
挂牌协议	3077.46	145147.12	47.16	114
大宗协议	14801.48	620975.89	41.95	53
总计	17878.94	766123.01	42.85	114

资料来源：湖北碳排放权交易中心，上海环境能源交易所，中节能碳达峰碳中和研究院。

按履约配额量计，全国碳市场第一个履约周期履约完成率为99.5%。根据相关报道，若按履约企业数量计，履约完成率在95%左右，即约百家履约企业未完成履约。随着第一个履约周期结束，各地生态环境管理部门陆续披露本区域控排企业履约情况以及未履约案件的处罚情况。其中，山东省是全国履约企业数量、履约配额总量最多的省份，全省305家参与交易履约的重点排放单位实际履约11.52亿吨，履约比例99.82%；截至2022年1月7日，累计成交额45.98亿元，占全国58.14%。

2021年，全国碳市场运行总体平稳有序，交易以履约为主要目的，活跃度待提升。全国碳市场第一个履约周期运行总体健康平稳，交易集中在履约截止前一个月，占比约76%；交易主要为实现履约，配额的投资属性尚不显著；全国碳市场2021年活跃度概算约2%，低于试点碳市场同年活跃度（约5.9%），活跃度亟待提升；大宗协议交易超过80%，线上交易流动性较差。究其原因：一是绝大多数企业缺乏参与碳市场的经验，各方面能力均存在一定欠缺；二是碳市场初期配额较为充裕，主要为推进企业打好基础、积累经验，配额紧缺的情况较少；三是初期交易品种有限，仅配额现货可用于交易，无期权、期货等，且交易主体单一，仅履约企业参与交易，因而市场流动性十分有限；四是由于目前尚无全国碳市场“十四五”乃至中长期发展路线图、时间表，政策前景尚不明朗，即便是配额盈余的企业，也担心未来出现配额紧缺的情况，因此交易意愿不足，存在“严重惜售”的情况。

第十章　我国碳市场未来趋势展望

一、全国碳市场：多措并举，逐步形成千亿乃至万亿级市场

全国碳市场的运行来之不易，未来任重道远。目前全国碳市场尚处于建设初期，“十四五”期间将开展一系列工作持续完善碳市场建设，包括完善配套制度体系、扩大覆盖行业范围、制定更严格的配额供给并逐步推动配额有偿发放、研究并适时推出碳期货、推进CCER重启、引入机构投资者参与交易并加强监管与能力建设，以确保碳排放数据准确、碳市场运行可靠、全国碳市场健康发展，充分发挥市场机制在控制温室气体排放、促进绿色低碳技术创新、引导气候投融资等方面的重要作用。待八大行业全部纳入全国碳市场后，覆盖配额总量预计将达到70亿~80亿吨，企业数量达到8000~10000家。多家机构预测，2030年全国碳市场碳价预计将达到每吨100元至300元。照此估算，届时全国碳市场年度配额对应的基础资产规模将达0.7万亿~2.4万亿元人民币，将显著激励带动低碳零碳负碳技术与相关产业发展。多机构中国碳市场碳价预测情况如表10-1所示。

表10-1　多机构中国碳市场碳价预测情况

目标年	预测碳价	资料来源
2030	116元人民币/吨	中国碳论坛2019年碳价调查
	93元人民币/吨	中国碳论坛2020年碳价调查
	139元人民币/吨	中国碳论坛2021年碳价调查
	300元人民币/吨	壳牌：《中国能源体系2060碳中和报告》
	超过200元/吨，乐观预测下达650元/吨	瑞银
	13美元/吨（2011年美元不变价）	张希良《2060年碳中和目标下的低碳能源转型情景分析》
2050	186元人民币/吨	中国碳论坛2019年碳价调查
	167元人民币/吨	中国碳论坛2020年碳价调查
	115美元/吨（2011年美元不变价）	张希良《2060年碳中和目标下的低碳能源转型情景分析》
2060	1300元人民币/吨	壳牌《中国能源体系2060碳中和报告》
	327美元/吨（2011年美元不变价）	张希良《2060年碳中和目标下的低碳能源转型情景分析》

（一）制度建设

将持续完善配套制度体系，推动出台《碳排放权交易管理暂行条例》，进一步完善相关的技术法规、标准、管理体系。一方面，立法保障是事关碳市场成败的核心因素。尽管《碳排放权交易管理办法（试行）》已经对碳交易进行了系统性安排，但目前碳市场在法律层面仍然缺少上位法的支撑。生态环境部目前正积极推动《碳排放权交易管理暂行条例》出台，以更高层次的立法保障碳市场各项制度的有效实施。另一方面，国家将在当前全国碳市场制度框架的基础上，持续完善各项制度、标准规范。例如，生态环境部已在2021年3月发布的《企业温室气体排放核算方法与报告指南 发电设施》基础上进行了修订，以规范发电行业企业碳排放核算与报告工作，提高碳排放数据质量，完善全国碳市场数据质量管理长效机制。另外，国家还将加强碳市场与其他政策法规的衔接协同，如用能权交易、电力交易（含绿色电力交易、绿色电力证书交易）、生态产品价值实现、“双碳”目标考核、碳税等，以实现制度间的有机互补，有效激发相关方参与碳市场、开展碳减排的积极性，避免互相削弱、重复计算或签发等。

（二）覆盖范围

在发电行业碳市场健康运行的基础上，将按照成熟一个批准发布一个的原则，陆续将八大行业全部纳入碳市场，水泥、电解铝有望率先被纳入履约。结合国家排放清单的编制工作，我国已经连续多年组织开展全国发电、石化、化工、建材、钢铁、有色、造纸、航空等高排放行业的数据核算、报送和核查工作，具有较为扎实的工作基础。为做好扩大全国碳市场覆盖行业范围的基础准备工作，2021年以来生态环境部陆续委托中国建筑材料联合会、中国有色金属工业协会、中国钢铁工业协会等相关科研单位、行业协会，针对建材、有色金属、钢铁等行业研究提出符合全国碳市场要求的有关行业标准和技术规范建议。下一步，生态环境部将按照成熟一个批准发布一个的原则，加快对相关行业温室气体排放核算与报告国家标准的修订工作，研究制定分行业配额分配方案，在发电行业碳市场健康运行的基础上，进一步扩大碳市场覆盖行业范围。据悉，水泥、电解铝等行业有望率先被纳入全国碳市场履约。

（三）总量设定与配额分配

将不断提高行业碳排放基准的严格性，尽快引入配额有偿竞买，在总量设定上将与全国碳排放总量控制制度有机结合。目前，全国碳市场总量配额是在基准线法的基础上通过“自下而上”加和确定，基准线相对较为宽松，且全部免费发放。一方面，随着碳市场工作的推进，配额总量将适度从紧，强化基准线约束，适时引入配额有偿分配，以确保配额的稀缺性，稳定并充分激活碳市场。另一方面，全国碳市场将研究推进“自上而下”与“自下而上”相结合的方式确定配额总量，以便与各地碳排放总量控制目标、碳达峰目标等有效衔接，支持各地、各行业通过全国碳市场优化碳配额资源配置，避免因“一刀切”或者信息不对称导致全社会控排成本大幅增加。

（四）交易主体与交易产品

一是尽早开放机构投资者入市。据悉，全国碳市场或将尽快引入合格机构投资者，与履约企业不同，机构投资者买卖配额的目的是投资而非减排，因此预计将进一步提升碳市场交易活跃度。但个人入市预计将晚于机构投资者。随着碳市场建设的不断推进，未来市场主体将从以控排企业为主体，逐步发展成由控排企业、机构投资者（金融机构、中介机构、其他企业）及个人投资者等构成的多元交易主体。

二是由证监会推进广州期货交易所研究并适时推出期货，丰富交易产品。2021年1月，证监会批准设立广州期货交易所，4月19日广州期货交易所揭牌成立。广州期货交易所成立之初，便立足服务实体经济、服务绿色发展，秉持创新型、市场化、国际化的发展定位，对完善我国资本市场体系，助力粤港澳大湾区和国家“一带一路”建设，服务经济高质量发展具有重要意义。目前，广州期货交易所正在证监会的指导下，积极稳妥推进碳期货的研究开发工作，将在条件成熟时推出与碳排放权相关的期货品种。预计未来全国碳市场的交易产品结构将从以现货为主逐步转向现货、期货等衍生品并重。

三是完善温室气体自愿减排交易机制，推动CCER项目备案与减排量签发尽快重启。全国碳市场允许使用CCER进行抵销，比例不超过清缴量的5%。但CCER备案等相关工作自2017年3月起暂缓至2022年3月仍未重新启动，而市场上的CCER余量已十分有限。生态环境部正组织研究完善自愿减排项目审核与CCER签发程序，修订完善《温室气体自愿减排交易管理办法（试行）》及方法学等相关技术规范，并将适时重新启动。国务院已明确在北京城市副中心探索设立全国自愿减排等碳交易中心，北京绿色交易所目前正推进注册登记系统和交易系统开发、交易规则体系搭建以及中国自愿减排联盟筹备等工作。另外，国家林草局表示将探索建立林草碳汇减排交易平台。

（五）监管与能力建设

一是加强监管，严厉打击碳排放数据造假行为。碳排放数据是开展交易的基础，数据质量是碳市场的生命线。在全国碳市场上线交易启动前，地方便发生了第一件履约企业碳排放数据造假案，引发社会广泛关注。国家严厉打击碳排放数据造假行为，2021年10月至12月，生态环境部以重点技术服务机构及其相关联的发电行业控排企业为切入点，围绕煤样采制、煤质化验、数据核验、报告编制等关键环节，组织开展碳排放报告质量专项监督帮扶，并于2022年3月14日公开碳排放报告数据弄虚作假等典型问题案例。2022年4月8日，碳达峰碳中和工作领导小组办公室专门召开严厉打击碳排放数据造假电视电话会议，强调各地区各有关部门要高度重视碳排放数据造假问题，坚持问题导向，坚持“零容忍”，采取强有力措施，严查严处造假行为，形成强大震慑，坚决杜绝数据造假问题再次发生。下一步，生态环境部等部门将持续对碳排放数据造假行为保持高压态势，将加强联合监管、强化检查督导、加强信息化技术等方式严厉打击碳排放数据造假行为，推动我国碳市场健康发展、行稳致远。生态环境部在2021年9月启动的碳监测评估试点工作的基础上，将进一步扩大火电行业二氧化碳在线监测试点范围，未来有望在辅助企业碳排放核算、支撑监管等方面发挥进一步作用。

二是持续加强指导监督与能力建设。生态环境部将持续加强对市场各参与主体的指导监督，通过开展常态化的调研监督帮扶工作加强对重点排放单位的监督管理，并推进市场参与主体及生态环境系统的碳市场能力建设，推动各个单位相关方懂制度、守制度、用制度。

三是加大信息公开和信用监管力度。生态环境部已在《企业环境信息依法披露管理办法》（自2022年2月8日起施行）及《企业环境信息依法披露格式准则》中明确要求，纳入碳排放权交易市场配额管理的温室气体重点排放单位应当披露碳排放相关信息，包括年度及上一年度碳实际排放量、配额清缴情况以及排放设施与核算方法等。对于从业机构，也将通过从业信息公开、业绩质量评估、违法行为曝光等方式加强从业机构管理。

二、地方碳试点：纵深发展，区域协同格局逐渐形成

随着全国碳市场建设工作的推进，试点碳市场现有的配额规模将逐步收缩，推动试点碳市场向纵深发展。生态环境部明确，在全国碳市场建立的情况下，不再支持地方新增试点；现有试点要逐步地向全国碳市场过渡，参与全国碳排放权交易市场的重点排放单位不再参加地方碳市场的交易。在全国碳市场目前仅纳入发电行业的情况下，试点碳市场的年度配额总量已显著下降，例如：天津碳市场在控排系数未变的情况下，年度配额总量从以往的1.7亿吨左右降至2021年度的0.75亿吨；广东碳市场配额总量由2020年度的4.65亿吨降至2021年度的2.65亿吨。随着未来全国碳市场逐步纳入八大重点行业，试点碳市场现有的履约规模将大幅收缩，预计将推动地方试点进一步降低排放门槛、扩大行业范围，并通过持续完善制度设计、丰富交易品种与方式等深化碳市场建设，以充分发挥试点碳市场的先行先试作用。例如：广东碳市场自2022年度起计划将排放门槛由“年排放量2万吨二氧化碳”及以上下调至“1万吨”及以上，并增加陶瓷、纺织、数据中心等新行业；湖北在《湖北省生态环境保护“十四五”规划》中明确，将深入推进碳排放权交易，完善碳市场制度体系，扩大碳市场覆盖范围，优化碳排放配额分配方案。

与此同时，粤港澳大湾区、川渝等区域协同碳市场格局正逐渐形成。2020年5月14日，国务院批准中国人民银行、银保监会、证监会、

外汇局发布《关于金融支持粤港澳大湾区建设的意见》，提出“充分发挥广州碳排放交易所的平台功能，搭建粤港澳大湾区环境权益交易与金融服务平台。开展碳排放交易外汇试点，允许通过粤港澳大湾区内地碳排放权交易中心有限公司资格审查的境外投资者（境外机构及个人），以外汇或人民币参与粤港澳大湾区内地碳排放权交易”。2021年4月16日，生态环境部与广东省人民政府签署《共建国际一流美丽湾区合作框架协议》，其中明确，要基于现有碳排放权交易试点，研究建设粤港澳大湾区碳排放权交易市场，联合港澳开展碳标签互认机制研究与应用示范。2021年8月，香港交易及结算所有限公司（简称港交所）与广州期货交易所签署谅解备忘录，双方将聚焦服务国家“双碳”目标，共同研究在境内外市场进行产品合作的可能性。2022年3月，港交所与广州碳排放权交易所签署合作备忘录，双方将共同探索区域碳市场的深化发展、创建适用于大湾区的自愿减排机制，并积极研究国际碳市场的规则、标准和路径，以支持中国碳市场的国际化建设。由此可见，在粤港澳大湾区，从国家到地方、从政策部署到交易所合作，以碳金融、自愿减排、碳普惠、国际化建设等为主要合作方向的粤港澳大湾区碳市场正逐步走向现实，并将有望成为我国碳市场探索开展国际化建设的前沿阵地。四川、重庆生态环境主管部门在2021年签订了相关协议，将在国家政策允许的前提下，依托双方已有的碳排放权交易体系，共同探索推进川渝两地碳排放权交易市场建设，联合开展碳普惠机制调研。

三、碳信用开发：潜力巨大，方式与领域不断丰富

在全球加强气候行动的背景下，强制与自愿碳市场双双释放出巨大的碳信用需求潜力，预计国内将再度掀起碳信用项目开发的热潮。当前全国碳市场与地方试点均支持使用碳抵销，若按2020年度配额总量概算，全国碳市场及地方试点的碳信用（含CCER及地方碳信用）需求总量上限达约3亿吨，待全国碳市场纳入八大行业后，仅全国碳市场的CCER需求总量便达4亿吨。CCER还可用于国际航空碳抵销和减排计划（CORSIA）抵销，国际民航组织（ICAO）估计，2020年至2035年CORSIA的碳信用需求总量约为30亿吨。另外，随着区域碳中和试点、企业、大型活动、个人碳中和行动的加强，也催生出巨大自愿碳信用需求潜力。根据渣打银行等预测，为实现全球温升控制在1.5摄氏度的目标，到2030年自愿交易市场的规模需在2020年基础上增加超过15倍，到2050年增加100倍。自2017年3月CCER备案暂缓以来，国内碳信用项目开发进入低缓期，仅有少数自愿减排项目在广东、福建等地方碳信用机制或者国际上核证碳减排标准（VCS）、黄金标准（GS）等独立碳信用机制取得注册。近两年，在“双碳”目标的带动下，八大试点碳市场地区及河北、四川成都等非试点碳市场地区纷纷积极探索建设本地碳信用机制，加之下一步CCER备案工作的重启、《巴黎协定》第六条及CORSIA等国际碳信用市场的建设等，预计国内将迎来新一轮碳信用开发热潮。

在碳中和愿景带动下，氢能、海洋碳汇、碳普惠等创新型碳信用项目与产品正不断涌现。碳中和催生出大量新兴减碳技术与产业发展需

求，但一些新技术、新模式当前正面临技术与产业不成熟、成本高等阻碍，亟须资金、制度支持，如清洁氢能、循环经济、负排放技术及碳普惠等。近期，国内多地纷纷开展相关探索，如：北京提出要建设碳交易中心氢能产业板块交易机制，推动清洁氢减排纳入CCER；天津自贸区提出要探索建立甲烷、CCUS特色交易中心，开展减排量开发创新试点；沿海地区如福建、海南、广东等正在加大海洋碳汇的开发；广东、深圳、上海等纷纷出台或计划出台碳普惠机制，通过“碳普惠+数字化”等多样化形式充分调动全社会践行绿色低碳行动。预计未来还将涌现出更多的新型碳信用项目与产品类型，以支持碳中和愿景下相关技术与模式的发展。

碳信用正逐步迈向高质量发展阶段，碳信用市场建设趋于规范、透明、科学、统一。尽管碳信用机制通过制定符合减排目标及额外性、永久性、真实性、保守性等原则的标准指南、方法学，以确保签发符合环境完整性的碳信用，然而在实践中签发高质量碳信用普遍存在较大挑战。例如，国际上关于额外性论证的争论已持续二十年之久且目前仍未达成共识，即便是引领全球的清洁发展机制（CDM）也因额外性验证的复杂性、不确定性、缺乏透明性等问题备受争议。我国之所以暂缓CCER备案，是为了进一步完善和规范温室气体自愿减排交易。自愿碳市场更是诟病于市场分割、质量参差不齐、透明性差等问题。为确保实现《巴黎协定》目标，近年来国际上越来越重视签发、购买高质量碳信用。例如，在市场层面，由国际金融协会支持成立的自愿碳减排市场规模化工作组（TSVCM）联合Verra、黄金标准、世界银行、世界自然基金会（WWF）、壳牌、德勤等250多家成员机构，正致力于打造引领全球的高质量自愿碳信用标准，并打造统一、高透明度、高流动性的全球自愿碳信用市场。另外，一些非CORSIA履约的买家也会选择购买CORSIA认可的碳信用，因为他们认为CORSIA的标准体现了其对碳信用质量的要求。在研究层面，诸多机构针对如何签发、购买高质量碳信用开展了大量研究，如美国环保协会（EDF）、WWF以及Oeko-Institut联合发起了碳信用质量倡议（CCQI），通过开发独立的、用户友好的碳信用质量评估工具，帮助买家评估购买高质量碳信用。在项目层面，尽管不同碳信用机制间质量良莠不齐的问题依然存在，但头部碳信用机制正在对项目标准与方法学进行持续改进，以提高碳信用的质量。譬如，由于可再生能源项目成本近年来显著下降，逐渐不再需要碳融资才能确保生存，核证碳减排标准（VCS）和黄金标准（GS）出于对额外性的考虑，自2020年1月起分别只接受来自最不发达国家和非中高收入国家的并网可再生能源项目的登记，预计未来几年，此类碳信用的开发空间将逐渐收缩。《巴黎协定》第六条也正在CDM的经验基础上设置新的框架，以实现与国家自主贡献的动态有效衔接。为确保碳信用机制对高质量碳信用的支持效果，一些相关方也注重构建相对简明的方法学以及相对稳定的碳价机制以降低碳信用开发风险。多个维度来看，结合我国发展实际与需求，国内也将越来越重视高质量碳信用的开发。目前，生态环境部正推动制定《温室气体自愿减排交易管理办法（试行）》及相关技术规范，待重启后各项工作将得到进一步规范，特别是对项目额外性的要求预计将趋于严格。

四、与国际接轨：长期趋同，国际化与碳壁垒趋势已显现

当前碳中和已成为国际合作与竞争的关键领域，我国在国际碳市场中的影响力将关系着相当长时期内我国的国际低碳竞争力以及在全球应对气候变化行动的话语权。长远来看，由于气候变化的全球外部性，碳排放权天然具有国际自由流动的属性，根据要素价格趋同理论或者要素价格均等化理论，未来全球碳价将走向趋同，《巴黎协定》第六条等国际碳市场的建设及碳关税的"抬头"已反映了这一趋势。

为此，我国正积极推进碳信用国际化建设，预计将为国内自愿减排项目提供广阔的市场机遇。在国际碳信用机制方面，我国正积极推进《巴黎协定》第六条谈判进程，致力于构建基于"共区"原则的国际碳定价规则。在国内碳信用机制方面，我国正积极推进CCER的国际化建设。国务院表示将推动北京绿色交易所在承担全国自愿减排等碳交易中心功能的基础上，升级为面向全球的国家级绿色交易所。目前我国国家自愿减排交易机制已成为国际航空碳抵销和减排计划（CORSIA）认可的抵销机制，根据《中国本世纪中叶长期温室气体低排放发展战略》澳门将积极推动澳门航空部门参与CCER与CORSIA的对接事宜，使用CCER抵销澳门航空燃油排放。我国新的国家自愿减排交易机制预计将在制度体系和系统设计上进一步统筹衔接国际碳交易的需求，加强国际协调，避免双重签发或双重计算等。另外，计划于2022年下半年开业的海南国际碳排放权交易中心，也将通过海洋碳汇的市场化交易，推动海南的蓝碳方法学成为国际公认标准，并纳入国际海洋治理体系。我国碳信用国际化的持续推进，将为国内自愿减排项目提供更广阔的市场空间和发展

机遇。

国际贸易方面，整体来看贸易碳壁垒已成大势所趋，若欧盟碳关税落地实施，初期预计对我国影响不大，但其产生的长远影响不可小觑，将推动我国加快开展碳市场与碳核算体系建设，并积极争取国际碳定价话语权。尽管欧盟碳关税能否实施尚存不确定性，但值得注意的是，随着气候危机越来越受到重视，国际贸易碳壁垒正逐渐形成。除碳关税等显性贸易碳壁垒外，目前也已经出现了一些隐性贸易碳壁垒，例如欧盟正计划对电池、光伏组件等产品的碳足迹提出强制核算要求、实施分级管理。另外，若欧盟碳边境调节机制得以实施，初期对我国影响最大的是钢铁、铝行业，绿色创新发展中心（iGDP）估计将带来40亿~50亿元人民币的碳关税，受影响贸易额约为251亿元人民币。若未来扩大至欧盟碳市场覆盖的全部部门和行业，或将对我国产生数百亿碳关税，受影响贸易额约2757亿元人民币，首当其冲的是石油化工品、钢铁等。若在欧盟碳关税“蝴蝶效应”的影响下，占我国总出口40%的欧盟、美国、日本、英国等都实施碳关税，我国受影响的出口额将大幅增加。在此趋势推动下，预计我国将加快推进全国碳市场建设，建立完善碳核算标准，加强自身能力建设，促进低碳转型发展。同时，在国际贸易与碳定价方面，将推动我国在国际贸易和投资过程中加强对碳排放风险考量，进一步积极争取国际碳定价规则制定的话语权，推动建立基于“共区”原则的国际碳定价规则以及基于规则的全球贸易体系。

长远来看，我国碳市场未来或将与国际碳价实现接轨，将推动各相关方提前开展压力测试、加快产业低碳转型与高质量发展。尽管我国尚未与其他国家的碳市场建立实质性碳市场连接机制，但在碳市场的建设过程中我国一直保持着与国际的密切对话合作，如中欧碳排放交易政策对话、中日韩交流合作机制等。目前，粤港澳大湾区也正计划开展碳排放交易外汇试点，研究中国碳市场的国际化建设。随着国内碳市场逐步引进外资参与及《巴黎协定》第六条相关制度构建完善等，由于国内外碳价差异存在套利空间，将驱动碳价逐渐向国际趋平。据多位专家估计，中国碳市场或将于2030年到2050年实现与国际碳市场碳价的接轨。考虑到目前欧盟、韩国等碳市场碳价都已远高于我国碳价，预计将推动国内政府、控排企业及金融机构等相关方提前开展压力测试，制定中长期碳价格指引，并加快产业低碳转型与高质量发展，以应对未来的国际碳竞争。

附录一　碳金融产品名词解释

<table>
<tr><th>类别</th><th>定义</th><th>产品</th><th>产品描述</th></tr>
<tr><td rowspan="5">交易工具</td><td rowspan="5">在碳排放权交易基础上，以碳配额和碳信用为标的的金融合约</td><td>碳期货</td><td>期货交易场所统一制定的、规定在将来某一特定的时间和地点交割一定数量的碳配额或碳信用的标准化合约</td></tr>
<tr><td>碳远期</td><td>交易双方约定未来某一时刻以确定的价格买入或者卖出相应的以碳配额或碳信用为标的的远期合约</td></tr>
<tr><td>碳掉期/碳互换</td><td>交易双方以碳资产为标的，在未来的一定时期内交换现金流或现金流与碳资产的合约
（注：包括期限互换和品种互换。期限互换为交易双方以碳资产为标的，通过固定价格确定交易，并约定未来某个时间以当时的市场价格完成与固定价格交易对应的反向交易，最终对两次交易的差价进行结算的交易合约。品种互换或碳置换为交易双方约定在未来确定的期限内，相互交换定量碳配额和碳信用及其差价的交易合约）</td></tr>
<tr><td>碳期权</td><td>期货交易场所统一制定的、规定买方有权在将来某一时间以特定价格买入或者卖出碳配额或碳信用（包括碳期货合约）的标准化合约</td></tr>
<tr><td>碳借贷</td><td>交易双方达成一致协议，其中一方（贷方）同意向另一方（借方）借出碳资产，借方可以担保品附加借贷费作为交换
（注：碳资产的所有权不发生转移。目前常见的有碳配额借贷，也称借碳）</td></tr>
<tr><td rowspan="3">融资工具</td><td rowspan="3">以碳资产为标的进行各类资金融通的碳金融产品。</td><td>碳资产抵质押融资</td><td>碳资产的持有者（借方）将其拥有的碳资产作为质物/抵押物，向资金提供方（贷方）进行抵质押以获得贷款，到期再通过还本付息解押的融资合约</td></tr>
<tr><td>碳资产回购</td><td>碳资产的持有者（借方）向资金提供机构（贷方）出售碳资产，并约定在一定期限后按照约定价格购回所售碳资产以获得短期资金融通的合约</td></tr>
<tr><td>碳资产托管</td><td>碳资产管理机构（托管人）与碳资产持有主体（委托人）约定相应碳资产委托管理、收益分成等权利义务的合约</td></tr>
</table>

续表

类别	定义	产品	产品描述
		碳金融结构性存款	绿色结构性存款，是运用碳市场价格波动与传统的存款业务相结合的一种创新存款，通过选择权与配额交易的结合，使得结构性产品的投资报酬与配额市场价格波动产生联动效应，可以在一定程度上保障本金或获得较高投资报酬率的功能
		碳信托	碳金融各类投融资业务模式与信托业务的融合
		碳债券	发行人为筹集低碳项目资金向投资者发行并承诺按时还本付息，同时将低碳项目产生的碳信用收入与债券利率水平挂钩的有价证券
支持工具	为碳资产的开发管理和市场交易等活动提供量化服务、风险管理及产品开发的金融产品	碳指数	反映整体碳市场或某类碳资产的价格变动及走势而编制的统计数据（注：碳指数既是碳市场重要的观察指标，也是开发指数型碳排放权交易产品的基础，基于碳指数开发的碳基金产品，列入碳指数范畴）
		碳保险	为降低碳资产开发或交易过程中的违约风险而开发的保险产品（注：目前主要包括碳交付保险、碳信用价格保险、碳资产融资担保等）
		碳基金	依法可投资碳资产的各类资产管理产品，是由政府、金融机构、企业或个人投资设立的专门基金，既可用于参与碳市场交易，亦可用于投资减排项目

资料来源：证监会《碳金融产品》（JR/T 0244—2022），湖北碳排放权交易中心等，中节能碳达峰碳中和研究院

附录二 全球主要碳信用机制概况

序号	碳信用机制	碳信用类型	建立年份	参与碳市场类型	适用国家或地区	管理机构	减排量	签发碳信用量（亿吨）[1]	碳价（美元/吨）[2]
1	清洁发展机制(CDM)	国际碳信用	1997	强制（欧盟碳市场、新西兰碳市场、韩国碳市场、CORSIA等）	《公约》非附件一缔约方	UNFCCC	核证减排量（CERs）	21.49	1.1
2	联合履约（JI）	国际碳信用	1997	强制（欧盟碳市场、新西兰碳市场等）	《公约》附件一缔约方	UNFCCC	减排单位（ERUs）	8.72	—
3	《巴黎协定》第六条	国际碳信用	2015	—	缔约方	UNFCCC	国际转让的减缓成果（ITMOs）	—	—
4	美国碳注册登记处(ACR)	独立碳信用	1996	自愿、强制（加州碳抵销、CORSIA等）	全球（特定方法学或有特定范围）	温洛克国际	自愿核证减排量（VERs）	0.66	11.4

续表

序号	碳信用机制	碳信用类型	建立年份	参与碳市场类型	适用国家或地区	管理机构	减排量	签发碳信用量（亿吨）[1]	碳价(美元/吨)[2]
5	气候行动储备方案（CAR）	独立碳信用	2001	自愿、强制（加州碳抵销、CORSIA等）	北美	气候行动储备组织	气候储备单位（CRTs）	0.68	2.1
6	黄金标准（GS）	独立碳信用	2003	自愿、强制（CORSIA等）	全球	黄金标准秘书处	自愿核证减排量（VERs）	1.99	3.9
7	核证碳减排标准(VCS)	独立碳信用	2005	自愿、强制（加州碳抵销、CORSIA等）	全球	Verra	自愿核证碳减排单位（VCUs）	8.34	4.2
8	中国温室气体自愿减排交易机制	区域碳信用-国家	2014	强制（八个地方碳试点、全国碳市场、CORSIA）	中国	国家发展改革委（转隶至生态环境部）	中国核证自愿减排量(CCERs)	0.53	0.6~8.2
9	澳大利亚减排基金（ERF）	区域碳信用-国家	2015	强制（澳大利亚减排基金保障机制）	澳大利亚	澳大利亚清洁能源监管机构	澳大利亚碳信用单位(ACCUs)	1.07	11.9~12.7

续表

序号	碳信用机制	碳信用类型	建立年份	参与碳市场类型	适用国家或地区	管理机构	减排量	签发碳信用量（亿吨）[1]	碳价(美元/吨)[2]
10	瑞士二氧化碳信用认证机制	区域碳信用–国家	2012	强制（化石汽车燃料生产商和进口商）	瑞士	瑞士联邦环境办公室和瑞士联邦能源办公室	瑞士二氧化碳证书	0.06	128.2
11	泰国自愿减排计划	区域碳信用–国家	2013	—	泰国	泰国政府	泰国自愿减排量（TVERs）	0.09	—
12	日本J–Credit计划	区域碳信用–国家	2013	自愿、强制（琦玉碳市场）	日本	日本政府	日本碳信用（J–Credits）	0.06	13~20.8
13	韩国抵销机制	区域碳信用–国家	2015	强制（韩国碳市场）	韩国、全球（支持韩国企业注册的CDM项目）	韩国环境部	韩国抵销信用（KOCs）	0.33	10.7~29
14	西班牙可持续发展二氧化碳项目	区域碳信用–国家	2011	—	西班牙	西班牙环境部	西班牙碳基金信用	0.03	8.8

续表

序号	碳信用机制	碳信用类型	建立年份	参与碳市场类型	适用国家或地区	管理机构	减排量	签发碳信用量（亿吨）[1]	碳价（美元/吨）[2]
15	哈萨克斯坦碳信用机制	区域碳信用–国家	—	强制（哈萨克斯坦碳市场）	哈萨克斯坦	哈萨克斯坦生态、地质与自然资源部	—	—	—
16	哥伦比亚信用机制	区域碳信用–国家	2020	—	哥伦比亚	—	—		—
17	联合信用机制（JCM）	区域碳信用–区域	2012	《巴黎协定》第六条试点项目	蒙古、墨西哥等与日本签订JCM框架的国家	日本政府	JCM碳信用	0.0009	—
18	北京市林业碳汇	区域碳信用–地方	2014	强制（北京碳市场）	中国北京市	北京市生态环境局	北京林业碳汇核证减排量（BFCERs）	0.002	8.9
19	北京市机动车自愿停驶减排	区域碳信用–地方	2017	强制（北京碳市场）	中国北京市	北京市发展改革委	机动车自愿减排量	0.0004	—
20	北京市低碳出行碳减排	区域碳信用–地方	2020	强制（北京碳市场）	中国北京市	北京市生态环境局	—	0.0005	7.6

续表

序号	碳信用机制	碳信用类型	建立年份	参与碳市场类型	适用国家或地区	管理机构	减排量	签发碳信用量（亿吨）[1]	碳价(美元/吨)[2]
21	福建省林业碳汇	区域碳信用-地方	2017	强制（福建碳市场）	中国福建省	福建省生态环境厅	福建省林业碳汇（FFCERs）	0.02	1.6~3.1
22	广东省碳普惠	区域碳信用-地方	2017	强制（广东碳市场）	中国广东省	广东省生态环境厅	广东省碳普惠核证减排量（PHCERs）	0.2	3.5~6.6
23	河北省降碳产品价值实现机制	区域碳信用-地方	2021	强制（钢铁、焦化等）、自愿	中国河北省	河北省生态环境厅	降碳产品	—	—
24	成都市“碳惠天府”机制	区域碳信用-地方	2021	自愿	中国四川省成都市	成都市生态环境局	成都市碳减排量（CDCERs）	0.0008	—
25	加州碳市场履约抵销计划(CCOP)	区域碳信用-地方	2013	强制（加州、魁北克碳市场）	美国	加州空气资源委员会	加州空气资源委员会抵销信用（ARBOCs）	2.3	14.9
26	魁北克碳市场碳抵销	区域碳信用-地方	2013	强制（加州、魁北克碳市场）	加拿大	魁北克环境与气候变化控制厅	魁北克省抵销信用（QOCs）	0.01	15.5

续表

序号	碳信用机制	碳信用类型	建立年份	参与碳市场类型	适用国家或地区	管理机构	减排量	签发碳信用量（亿吨）[1]	碳价(美元/吨)[2]
27	区域温室气体倡议（RGGI）二氧化碳抵销机制	区域碳信用–地方	2005	强制（RGGI）	不包括马萨诸塞州，新罕布什尔州和罗得岛州的RGGI成员	美国新英格兰和大西洋沿岸 中部地区洲际合作组织	RGGI二氧化碳抵销配额	0.0005	—
28	阿尔伯塔省排放抵销体系	区域碳信用–地方	2007	强制（阿尔伯塔TIER）	加拿大阿尔伯塔省	阿尔伯塔省环境和公园厅	阿尔伯塔排放抵销（AEOs）	0.7	32
29	英属哥伦比亚抵销计划	区域碳信用–地方	2016	强制（英属哥伦比亚GGIRCA）	加拿大英属哥伦比亚省	英属哥伦比亚环境和气候变化战略厅	英属哥伦比亚省抵销单位（BCOUs）	0.088	—
30	东京碳市场	区域碳信用–地方	2010	强制（东京碳市场）	日本	东京都政府	—	0.005	39~52.4
31	琦玉市森林吸收认证制度	区域碳信用–地方	2010	强制（琦玉碳市场）	日本琦玉县	琦玉县政府	森林吸收信用（FACs）	0.0001	—

续表

序号	碳信用机制	碳信用类型	建立年份	参与碳市场类型	适用国家或地区	管理机构	减排量	签发碳信用量（亿吨）[1]	碳价(美元/吨)[2]
32	琦玉市碳市场	区域碳信用-地方	2011	强制（琦玉、东京碳市场）	日本琦玉县	琦玉县政府	抵销信用	0.07	3.8
33	台湾省碳抵销管理项目	区域碳信用-地方	2018	—	中国台湾省	台湾省环境保护局	—	0.1	—

注：[1] 累计至2021年年底数据。

[2] 2021年数据。

数据来源：世界银行、各大机制官网等。

附录三 我国企业级温室气体排放与项目级自愿减排核算方法

附表3-1 中国企业温室气体排放核算方法与报告指南

序号	指南名称	发布时间	发布部委	批次
1	《中国发电企业温室气体排放核算方法与报告指南（试行）》	2013年11月1日	国家发改委	第一批
2	《中国电网企业温室气体排放核算方法与报告指南（试行）》	2013年11月1日	国家发改委	第一批
3	《中国钢铁生产企业温室气体排放核算方法与报告指南（试行）》	2013年11月1日	国家发改委	第一批
4	《中国化工生产企业温室气体排放核算方法与报告指南（试行）》	2013年11月1日	国家发改委	第一批
5	《中国电解铝生产企业温室气体排放核算方法与报告指南（试行）》	2013年11月1日	国家发改委	第一批
6	《中国镁冶炼企业温室气体排放核算方法与报告指南（试行）》	2013年11月1日	国家发改委	第一批
7	《中国平板玻璃生产企业温室气体排放核算方法与报告指南（试行）》	2013年11月1日	国家发改委	第一批
8	《中国水泥生产企业温室气体排放核算方法与报告指南（试行）》	2013年11月1日	国家发改委	第一批
9	《中国陶瓷生产企业温室气体排放核算方法与报告指南（试行）》	2013年11月1日	国家发改委	第一批
10	《中国民航企业温室气体排放核算方法与报告格式指南（试行）》	2013年11月1日	国家发改委	第一批
11	《中国石油和天然气生产企业温室气体排放核算方法与报告指南（试行）》	2015年2月9日	国家发改委	第二批
12	《中国石油化工企业温室气体排放核算方法与报告指南（试行）》	2015年2月9日	国家发改委	第二批
13	《中国独立焦化企业温室气体排放核算方法与报告指南（试行）》	2015年2月9日	国家发改委	第二批
14	《中国煤炭生产企业温室气体排放核算方法与报告指南（试行）》	2015年2月9日	国家发改委	第二批
15	《造纸和纸制品生产企业温室气体排放核算方法与报告指南（试行）》	2015年11月11日	国家发改委	第三批
16	《其他有色金属冶炼和压延加工业企业温室气体排放核算方法与报告指南（试行）》	2015年11月11日	国家发改委	第三批
17	《电子设备制造企业温室气体排放核算方法与报告指南（试行）》	2015年11月11日	国家发改委	第三批
18	《机械设备制造企业温室气体排放核算方法与报告指南（试行）》	2015年11月11日	国家发改委	第三批

续表

序号	指南名称	发布时间	发布部委	批次
19	《矿山企业温室气体排放核算方法与报告指南（试行）》	2015年11月11日	国家发改委	第三批
20	《食品、烟草及酒、饮料和精制茶企业温室气体排放核算方法与报告指南（试行）》	2015年11月11日	国家发改委	第三批
21	《公共建筑运营单位（企业）温室气体排放核算方法和报告指南（试行）》	2015年11月11日	国家发改委	第三批
22	《陆上交通运输企业温室气体排放核算方法与报告指南（试行）》	2015年11月11日	国家发改委	第三批
23	《氟化工企业温室气体排放核算方法与报告指南（试行）》	2015年11月11日	国家发改委	第三批
24	《工业其他行业企业温室气体排放核算方法与报告指南（试行）》	2015年11月11日	国家发改委	第三批
25	《企业温室气体排放核算方法与报告指南 发电设施》	2021年3月29日	生态环境部	
	《企业温室气体排放核算方法与报告指南 发电设施（2021年修订版）》（征求意见稿）	2021年12月2日	生态环境部	

注：政策文件统计截至2021年12月31日。

附表3-2 国家发改委发布的中国温室气体自愿减排方法学（简称CCER方法学）

序号	CDM方法学编号	翻译版本号	CCER方法学编号	CCER方法学名称	类型	发布时间	发布批次
1	ACM0002	13.0.0版	CM-001-V01	可再生能源联网发电	常规项目	2013年3月11日	第一批
	ACM0002	16.0版	CM-001-V02	可再生能源并网发电方法学	常规项目	2016年3月3日	
2	ACM0005	7.1.0版	CM-002-V01	水泥生产中增加混材的比例	常规项目	2013年3月11日	第一批
3	ACM0008	7.0版	CM-003-V01	回收煤层气、煤矿瓦斯和通风瓦斯用于发电、动力、供热和/或通过火炬或无焰氧化分解	常规项目	2013年3月11日	第一批
	ACM0008	8.0版	CM-003-V02	回收煤层气、煤矿瓦斯和通风瓦斯用于发电、动力、供热和/或通过火炬或无焰氧化分解	常规项目	2016年3月3日	
4	ACM0011	2.2版	CM-004-V01	现有电厂从煤和/或燃油到天然气的燃料转换	常规项目	2013年3月11日	第一批
5	ACM0012	4.0.0版	CM-005-V01	通过废能回收减排温室气体	常规项目	2013年3月11日	第一批
	ACM0012	5.0.0版	CM-005-V02	通过废能回收减排温室气体	常规项目	2016年3月3日	

续表

序号	CDM方法学编号	翻译版本号	CCER方法学编号	CCER方法学名称	类型	发布时间	发布批次
6	ACM0013	5.0.0版	CM-006-V01	使用低碳技术的新建并网化石燃料电厂	常规项目	2013年3月11日	第一批
7	ACM0014	5.0.0版	CM-007-V01	工业废水处理过程中温室气体减排	常规项目	2013年3月11日	第一批
8	ACM0015	3.0版	CM-008-V01	应用非碳酸盐原料生产水泥熟料	常规项目	2013年3月11日	第一批
	ACM0015	4.0版	CM-008-V02	应用非碳酸盐原料生产水泥熟料	常规项目	2016年3月3日	
9	ACM0019	1.0.0版	CM-009-V01	硝酸生产过程中所产生N_2O的减排	常规项目	2013年3月11日	第一批
10	AM0001	6.0.0版	CM-010-V01	HFC-23废气焚烧	常规项目	2013年3月11日	第一批
11	AM0019	2.0版	CM-011-V01	替代单个化石燃料发电项目部分电力的可再生能源项目	常规项目	2013年3月11日	第一批
12	AM0029	3.0版	CM-012-V01	并网的天然气发电	常规项目	2013年3月11日	第一批
13	AM0034	5.1.1版	CM-013-V01	硝酸厂氨氧化炉内的N_2O催化分解	常规项目	2013年3月11日	第一批
14	AM0037	2.1版	CM-014-V01	减少油田伴生气的燃放或排空并用做原料	常规项目	2013年3月11日	第一批

续表

序号	CDM方法学编号	翻译版本号	CCER方法学编号	CCER方法学名称	类型	发布时间	发布批次
15	AM0048	3.1.0版	CM-015-V01	新建热电联产设施向多个用户供电和/或供蒸汽并取代使用碳含量较高燃料的联网/离网的蒸汽和电力生产	常规项目	2013年3月11日	第一批
16	AM0049	3.0版	CM-016-V01	在工业设施中利用气体燃料生产能源	常规项目	2013年3月11日	第一批
17	AM0053	3.0.0版	CM-017-V01	向天然气输配网中注入生物甲烷	常规项目	2013年3月11日	第一批
18	AM0044	2.0.0版	CM-018-V01	在工业或区域供暖部门中通过锅炉改造或替换提高能源效率	常规项目	2013年3月11日	第一批
19	AM0058	3.1版	CM-019-V01	引入新的集中供热一次热网系统	常规项目	2013年3月11日	第一批
20	AM0064	3.0.0版	CM-020-V01	地下硬岩贵金属或基底金属矿中的甲烷回收利用或分解	常规项目	2013年3月11日	第一批
21	AM0070	3.1.0版	CM-021-V01	民用节能冰箱的制造	常规项目	2013年3月11日	第一批
22	AM0072	2.0版	CM-022-V01	供热中使用地热替代化石燃料	常规项目	2013年3月11日	第一批

续表

序号	CDM方法学编号	翻译版本号	CCER方法学编号	CCER方法学名称	类型	发布时间	发布批次
23	AM0087	2.0版	CM-023-V01	新建天然气电厂向电网或单个用户供电	常规项目	2013年3月11日	第一批
24	AM0089	1.1.0版	CM-024-V01	利用汽油和植物油混合原料生产柴油	常规项目	2013年3月11日	第一批
25	AM0099	1.1.0版	CM-025-V01	现有热电联产电厂中安装天然气燃气轮机	常规项目	2013年3月11日	第一批
26	AM0100	1.1.0版	CM-026-V01	太阳能—燃气联合循环电站	常规项目	2013年3月11日	第一批
27	ACM0007	6.1.0版	CM-027-V01	单循环转为联合循环发电	常规项目	2014年1月23日	第三批
28	ACM0016	3.0.0版	CM-028-V01	快速公交项目	常规项目	2014年1月23日	第三批
29	AM0009	6.0.0版	CM-029-V01	燃放或排空油田伴生气的回收利用	常规项目	2014年1月23日	第三批
30	AM0014	4.0版	CM-030-V01	天然气热电联产	常规项目	2014年1月23日	第三批
31	AM0028	5.1.0版	CM-031-V01	硝酸或己内酰胺生产尾气中N_2O的催化分解	常规项目	2014年1月23日	第三批
32	AM0031	4.0.0版	CM-032-V01	快速公交系统	常规项目	2014年1月23日	第三批
33	AM0035	1.0版	CM-033-V01	电网中的SF_6减排	常规项目	2014年1月23日	第三批

续表

序号	CDM方法学编号	翻译版本号	CCER方法学编号	CCER方法学名称	类型	发布时间	发布批次
34	AM0061	2.1版	CM–034–V01	现有电厂的改造和/或能效提高	常规项目	2014年1月23日	第三批
35	AM0088	1.0版	CM–035–V01	利用液化天然气气化中的冷能进行空气分离	常规项目	2014年1月23日	第三批
36	AM0097	1.0.0版	CM–036–V01	安装高压直流输电线路	常规项目	2014年1月23日	第三批
37	AM0102	1.0.0版	CM–037–V01	新建联产设施将热和电供给新建工业用户并将多余的电上网或者提供给其他用户	常规项目	2014年1月23日	第三批
38	AM0107	2.0版	CM–038–V01	新建天然气热电联产电厂	常规项目	2014年1月23日	第三批
39	AM0017	2.0版	CM–039–V01	通过蒸汽阀更换和冷凝水回收提高蒸汽系统效率	常规项目	2014年1月23日	第三批
40	AM0020	2.0版	CM–040–V01	抽水中的能效提高	常规项目	2014年1月23日	第三批
41	AM0023	4.0.0版	CM–041–V01	减少天然气管道压缩机或门站泄漏	常规项目	2014年1月23日	第三批
42	AM0043	2.0版	CM–042–V01	通过采用聚乙烯管替代旧铸铁管或无阴极保护钢管减少天然气管网泄漏	常规项目	2014年1月23日	第三批

续表

序号	CDM方法学编号	翻译版本号	CCER方法学编号	CCER方法学名称	类型	发布时间	发布批次
43	AM0046	2.0版	CM-043-V01	向住户发放高效的电灯泡	常规项目	2014年1月23日	第三批
44	AM0050	3.0.0版	CM-044-V01	合成氨-尿素生产中的原料转换	常规项目	2014年1月23日	第三批
45	AM0055	2.0.0版	CM-045-V01	精炼厂废气的回收利用	常规项目	2014年1月23日	第三批
46	AM0063	1.2.0版	CM-046-V01	从工业设施废气中回收CO_2替代CO_2生产中的化石燃料使用	常规项目	2014年1月23日	第三批
47	AM0065	2.1版	CM-047-V01	镁工业中使用其他防护气体代替SF_6	常规项目	2014年1月23日	第三批
48	AM0071	2.0版	CM-048-V01	使用低GWP值制冷剂的民用冰箱的制造和维护	常规项目	2014年1月23日	第三批
49	AM0074	3.0.0版	CM-049-V01	利用以前燃放或排空的渗漏气为燃料新建联网电厂	常规项目	2014年1月23日	第三批
50	AM0078	2.0.0版	CM-050-V01	在LCD制造中安装减排设施减少SF_6排放	常规项目	2014年1月23日	第三批
51	AM0090	1.1.0版	CM-051-V01	货物运输方式从公路运输转变到水运或铁路运输	常规项目	2014年1月23日	第三批
52	AM0091	1.0.0版	CM-052-V01	新建建筑物中的能效技术及燃料转换	常规项目	2014年1月23日	第三批

续表

序号	CDM方法学编号	翻译版本号	CCER方法学编号	CCER方法学名称	类型	发布时间	发布批次
53	AM0092	1.0.0版	CM-053-V01	半导体行业中替换清洗化学气相沉积（CVD）反应器的全氟化合物（PFC）气体	常规项目	2014年1月23日	第三批
54	AM0096	1.0.0版	CM-054-V01	半导体生产设施中安装减排系统减少CF_4排放	常规项目	2014年1月23日	第三批
55	ACM0017	2.1.0版	CM-055-V01	生产生物柴油作为燃料使用	常规项目	2014年1月23日	第三批
56	AM0018	3.0.0版	CM-056-V01	蒸汽系统优化	常规项目	2014年1月23日	第三批
57	AM0021	3.0版	CM-057-V01	现有己二酸生产厂中的N_2O分解	常规项目	2014年1月23日	第三批
58	AM0027	2.1版	CM-058-V01	在无机化合物生产中以可再生来源的CO_2替代来自化石或矿物来源的CO_2	常规项目	2014年1月23日	第三批
59	AM0030	4.0.0版	CM-059-V01	原铝冶炼中通过降低阳极效应减少PFC排放	常规项目	2014年1月23日	第三批
60	AM0045	2.0版	CM-060-V01	独立电网系统的联网	常规项目	2014年1月23日	第三批
61	AM0051	2.0版	CM-061-V01	硝酸生产厂中N_2O的二级催化分解	常规项目	2014年1月23日	第三批

续表

序号	CDM方法学编号	翻译版本号	CCER方法学编号	CCER方法学名称	类型	发布时间	发布批次
62	AM0059	1.1版	CM−062−V01	减少原铝冶炼炉中的温室气体排放	常规项目	2014年1月23日	第三批
63	AM0062	2.0版	CM−063−V01	通过改造透平提高电厂的能效	常规项目	2014年1月23日	第三批
64	AM0076	1.0版	CM−064−V01	在现有工业设施中实施的化石燃料三联产项目	常规项目	2014年1月23日	第三批
65	AM0077	1.0版	CM−065−V01	回收排空或燃放的油井气并供应给专门终端用户	常规项目	2014年1月23日	第三批
66	AM0079	2.0版	CM−066−V01	从检测设施中使用气体绝缘的电气设备中回收SF_6	常规项目	2014年1月23日	第三批
67	AM0095	1.0.0版	CM−067−V01	基于来自新建钢铁厂的废气的联合循环发电	常规项目	2014年1月23日	第三批
68	AM0098	1.0.0版	CM−068−V01	利用氨厂尾气生产蒸汽	常规项目	2014年1月23日	第三批
69	AM0101	1.0.0版	CM−069−V01	高速客运铁路系统	常规项目	2014年1月23日	第三批
70	ACM0003	7.4.1版	CM−070−V01	水泥或者生石灰生产中利用替代燃料或低碳燃料部分替代化石燃料	常规项目	2014年1月23日	第三批

续表

序号	CDM方法学编号	翻译版本号	CCER方法学编号	CCER方法学名称	类型	发布时间	发布批次
71	AM0007	1.0版	CM-071-V01	季节性运行的生物质热电联产厂的最低成本燃料选择分析	常规项目	2014年1月23日	第三批
72	ACM0022	1.0.0版	CM-072-V01	多选垃圾处理方式	常规项目	2014年1月23日	第三批
73	AM0036	4.0.0版	CM-073-V01	供热锅炉使用生物质废弃物替代化石燃料	常规项目	2014年1月23日	第三批
74	AM0038	3.0.0版	CM-074-V01	硅合金和铁合金生产中提高现有埋弧炉的电效率	常规项目	2014年1月23日	第三批
75	ACM0006	12.1.0版	CM-075-V01	生物质废弃物热电联产项目	常规项目	2014年1月23日	第三批
76	AM0042	2.1版	CM-076-V01	应用来自新建的专门种植园的生物质进行并网发电	常规项目	2014年1月23日	第三批
77	ACM0001	13.0.0版	CM-077-V01	垃圾填埋气项目	常规项目	2014年1月23日	第三批
78	AM0054	2.0版	CM-078-V01	通过引入油/水乳化技术提高锅炉的效率	常规项目	2014年1月23日	第三批
79	AM0056	1.0版	CM-079-V01	通过对化石燃料蒸汽锅炉的替换或改造提高能效，包括可能的燃料替代	常规项目	2014年1月23日	第三批

续表

序号	CDM方法学编号	翻译版本号	CCER方法学编号	CCER方法学名称	类型	发布时间	发布批次
80	AM0057	3.0.1版	CM-080-V01	生物质废弃物用作纸浆、硬纸板、纤维板或生物油生产的原料以避免排放	常规项目	2014年1月23日	第三批
81	AM0060	1.1版	CM-081-V01	通过更换新的高效冷却器节电	常规项目	2014年1月23日	第三批
82	AM0066	2.0版	CM-082-V01	海绵铁生产中利用余热预热原材料减少温室气体排放	常规项目	2014年1月23日	第三批
83	AM0067	2.0版	CM-083-V01	在配电电网中安装高效率的变压器	常规项目	2014年1月23日	第三批
84	AM0068	1.0版	CM-084-V01	改造铁合金生产设施提高能效	常规项目	2014年1月23日	第三批
85	AM0069	2.0版	CM-085-V01	生物基甲烷用作生产城市燃气的原料和燃料	常规项目	2014年1月23日	第三批
86	AM0073	1.0版	CM-086-V01	通过将多个地点的粪便收集后进行集中处理减排温室气体	常规项目	2014年1月23日	第三批
87	ACM0009	4.0.0版	CM-087-V01	从煤或石油到天然气的燃料替代	常规项目	2014年1月23日	第三批
88	AM0080	1.0版	CM-088-V01	通过在有氧污水处理厂处理污水减少温室气体排放	常规项目	2014年1月23日	第三批

续表

序号	CDM方法学编号	翻译版本号	CCER方法学编号	CCER方法学名称	类型	发布时间	发布批次
89	AM0081	1.0版	CM-089-V01	将焦炭厂的废气转化为二甲醚用作燃料，减少其火炬燃烧或排空	常规项目	2014年1月23日	第三批
90	ACM0010	2.0.0版	CM-090-V01	粪便管理系统中的温室气体减排	常规项目	2014年1月23日	第三批
91	AM0083	1.0.1版	CM-091-V01	通过现场通风避免垃圾填埋气排放	常规项目	2014年1月23日	第三批
92	ACM0018	2.0.0版	CM-092-V01	纯发电厂利用生物废弃物发电	常规项目	2014年1月23日	第三批
93	ACM0020	1.0.0版	CM-093-V01	在联网电站中混燃生物质废弃物产热和/或发电	常规项目	2014年1月23日	第三批
94	AM0093	1.0.1版	CM-094-V01	通过被动通风避免垃圾填埋场的垃圾填埋气排放	常规项目	2014年1月23日	第三批
95	AM0094	2.0.0版	CM-095-V01	以家庭或机构为对象的生物质炉具和/或加热器的发放	常规项目	2014年1月23日	第三批
96			CM-096-V01	气体绝缘金属封闭组合电器SF_6减排计量与监测方法学	常规项目	2014年4月15日	第四批
97			CM-097-V01	新建或改造电力线路中使用节能导线或电缆	常规项目	2015年1月27日	第五批

续表

序号	CDM方法学编号	翻译版本号	CCER方法学编号	CCER方法学名称	类型	发布时间	发布批次
98			CM-098-V01	电动汽车充电站及充电桩温室气体减排方法学	常规项目	2015年1月27日	第五批
99			CM-099-V01	小规模非煤矿区生态修复项目方法学	常规项目	2015年1月27日	第五批
100			CM-100-V01	废弃农作物秸秆替代木材生产人造板项目减排方法学	常规项目	2016年2月25日	第六批
101			CM-101-V01	预拌混凝土生产工艺温室气体减排基准线和监测方法学	常规项目	2016年2月25日	第六批
102			CM-102-V01	特高压输电系统温室气体减排方法学	常规项目	2016年2月25日	第六批
103			CM-103-V01	焦炉煤气回收制液化天然气（LNG）方法学	常规项目	2016年2月25日	第六批
104			CM-104-V01	利用建筑垃圾再生微粉制备低碳预拌混凝土减少水泥比例项目方法学	常规项目	2016年6月2日	第七批
105			CM-105-V01	公共自行车项目方法学	常规项目	2016年7月22日	第九批
106			CM-106-V01	生物质燃气的生产和销售方法学	常规项目	2016年8月26日	第十批

续表

序号	CDM方法学编号	翻译版本号	CCER方法学编号	CCER方法学名称	类型	发布时间	发布批次
107			CM-107-V01	利用粪便管理系统产生的沼气制取并利用生物天然气温室气体减排方法学	常规项目	2016年8月26日	第十一批
108			CM-108-V01	蓄热式电石新工艺温室气体减排方法学	常规项目	2016年11月18日	第十二批
109			CM-109-V01	气基竖炉直接还原炼铁技术温室气体减排方法学	常规项目	2016年11月18日	第十二批
110			AR- CM-001-V01	碳汇造林项目方法学	农林项目	2013年11月4日	第二批
111			AR- CM-002-V01	竹子造林碳汇项目方法学	农林项目	2013年11月4日	第二批
112			AR- CM-005-V01	竹林经营碳汇项目方法学	农林项目	2016年2月25日	第六批
113			AR-CM-003-V01	森林经营碳汇项目方法学	农林项目	2014年1月23日	第三批
114			AR-CM-004-V01	可持续草地管理温室气体减排计量与监测方法学	农林项目	2014年1月23日	第三批
115	AMS-I.C.	19.0版	CMS-001-V01	用户使用的热能，可包括或不包括电能	小型项目	2013年3月11日	第一批
	AMS-I.C.	20.0版	CMS-001-V02	用户使用的热能，可包括或不包括电能		2016年3月3日	

续表

序号	CDM方法学编号	翻译版本号	CCER方法学编号	CCER方法学名称	类型	发布时间	发布批次
116	AMS-I.D.	17.0版	CMS-002-V01	联网的可再生能源发电	小型项目	2013年3月11日	第一批
117	AMS-I.F.	2.0版	CMS-003-V01	自用及微电网的可再生能源发电	小型项目	2013年3月11日	第一批
118	AMS-I.G	1.0版	CMS-004-V01	植物油生产并在固定设施中用作能源	小型项目	2013年3月11日	第一批
119	AMS-I.H	1.0版	CMS-005-V01	生物柴油生产并在固定设施中用作能源	小型项目	2013年3月11日	第一批
120	AMS-II.A	10.0版	CMS-006-V01	供应侧能源效率提高—传送和输配	小型项目	2013年3月11日	第一批
121	AMS-II.B	9.0版	CMS-007-V01	供应侧能源效率提高—生产	小型项目	2013年3月11日	第一批
122	AMS-II.D	12.0版	CMS-008-V01	针对工业设施的提高能效和燃料转换措施	小型项目	2013年3月11日	第一批
123	AMS-II.F	10.0版	CMS-009-V01	针对农业设施与活动的提高能效和燃料转换措施	小型项目	2013年3月11日	第一批
124	AMS-II.G	4.0版	CMS-010-V01	使用不可再生生物质供热的能效措施	小型项目	2013年3月11日	第一批
125	AMS-II.J	4.0版	CMS-011-V01	需求侧高效照明技术	小型项目	2013年3月11日	第一批
126	AMS-II.L.	01版	CMS-012-V01	户外和街道的高效照明	小型项目	2013年3月11日	第一批

续表

序号	CDM方法学编号	翻译版本号	CCER方法学编号	CCER方法学名称	类型	发布时间	发布批次
127	AMS-II.N	1.0版	CMS-013-V01	在建筑内安装节能照明和/或控制装置	小型项目	2013年3月11日	第一批
128	AMS-II.O	1.0版	CMS-014-V01	高效家用电器的扩散	小型项目	2013年3月11日	第一批
129	AMS-III.AN	2.0版	CMS-015-V01	在现有的制造业中的化石燃料转换	小型项目	2013年3月11日	第一批
130	AMS-III.AO	1.0版	CMS-016-V01	通过可控厌氧分解进行甲烷回收	小型项目	2013年3月11日	第一批
131	AMS-III.AU	3.0版	CMS-017-V01	在水稻栽培中通过调整供水管理实践来实现减少甲烷的排放	小型项目	2013年3月11日	第一批
132	AMS-III.AV	3.0版	CMS-018-V01	低温室气体排放的水净化系统	小型项目	2013年3月11日	第一批
133	AMS-III.Z	4.0版	CMS-019-V01	砖生产中的燃料转换、工艺改进及提高能效	小型项目	2013年3月11日	第一批
134	AMS-III.BB	1.0版	CMS-020-V01	通过电网扩展及新建微型电网向社区供电	小型项目	2013年3月11日	第一批
135	AMS-III.D	19.0版	CMS-021-V01	动物粪便管理系统甲烷回收	小型项目	2013年3月11日	第一批
136	AMS-III.G	8.0版	CMS-022-V01	垃圾填埋气回收	小型项目	2013年3月11日	第一批

续表

序号	CDM方法学编号	翻译版本号	CCER方法学编号	CCER方法学名称	类型	发布时间	发布批次
137	AMS-III.L	2.0版	CMS-023-V01	通过控制的高温分解避免生物质腐烂产生甲烷	小型项目	2013年3月11日	第一批
138	AMS-III.M	2.0版	CMS-024-V01	通过回收纸张生产过程中的苏打减少电力消费	小型项目	2013年3月11日	第一批
139	AMS-III.Q.	4.0版	CMS-025-V01	废能回收利用（废气/废热/废压）项目	小型项目	2013年3月11日	第一批
140	AMS-III.R	3.0版	CMS-026-V01	家庭或小农场农业活动甲烷回收	小型项目	2013年3月11日	第一批
141	AMS-I.J	1.0版	CMS-027-V01	太阳能热水系统（SWH）	小型项目	2014年1月23日	第三批
142	AMS-I.K	1.0版	CMS-028-V01	户用太阳能灶	小型项目	2014年1月23日	第三批
143	AMS-II.E	10.0版	CMS-029-V01	针对建筑的提高能效和燃料转换措施	小型项目	2014年1月23日	第三批
144	AMS-III.AQ.	1.0版	CMS-030-V01	在交通运输中引入生物压缩天然气	小型项目	2014年1月23日	第三批
145	AMS-II.K	2.0版	CMS-031-V01	向商业建筑供能的热电联产或三联产系统	小型项目	2014年1月23日	第三批
146	AMS-III.AG	2.0版	CMS-032-V01	从高碳电网电力转换至低碳化石燃料的使用	小型项目	2014年1月23日	第三批
147	AMS-III.AR	3.0版	CMS-033-V01	使用LED照明系统替代基于化石燃料的照明	小型项目	2014年1月23日	第三批

续表

序号	CDM方法学编号	翻译版本号	CCER方法学编号	CCER方法学名称	类型	发布时间	发布批次
148	AMS-III.AY	1.0版	CMS-034-V01	现有和新建公交线路中引入液化天然气汽车	小型项目	2014年1月23日	第三批
149	AMS-I.B.	10.0版	CMS-035-V01	用户使用的机械能，可包括或不包括电能	小型项目	2014年1月23日	第三批
150	AMS-I.L.	1.0版	CMS-036-V01	使用可再生能源进行农村社区电气化	小型项目	2014年1月23日	第三批
151	AMS-II.H.	3.0版	CMS-037-V01	通过将向工业设备提供能源服务的设施集中化提高能效	小型项目	2014年1月23日	第三批
152	AMS-II.I.	1.0版	CMS-038-V01	来自工业设备的废弃能量的有效利用	小型项目	2014年1月23日	第三批
153	AMS-III.AA	1.0版	CMS-039-V01	使用改造技术提高交通能效	小型项目	2014年1月23日	第三批
154	AMS-III.AB	1.0版	CMS-040-V01	在独立商业冷藏柜中避免HFC的排放	小型项目	2014年1月23日	第三批
155	AMS-III.AE	1.0版	CMS-041-V01	新建住宅楼中的提高能效和可再生能源利用	小型项目	2014年1月23日	第三批
156	AMS-III.AI	1.0版	CMS-042-V01	通过回收已用的硫酸进行减排	小型项目	2014年1月23日	第三批
157	AMS-III.AK	1.0版	CMS-043-V01	生物柴油的生产和运输目的使用	小型项目	2014年1月23日	第三批

续表

序号	CDM方法学编号	翻译版本号	CCER方法学编号	CCER方法学名称	类型	发布时间	发布批次
158	AMS-III.AL	1.0版	CMS-044-V01	单循环转为联合循环发电	小型项目	2014年1月23日	第三批
159	AMS-III.AM	2.0版	CMS-045-V01	热电联产/三联产系统中的化石燃料转换	小型项目	2014年1月23日	第三批
160	AMS-III.AP	2.0版	CMS-046-V01	通过使用适配后的怠速停止装置提高交通能效	小型项目	2014年1月23日	第三批
161	AMS-III.AT	2.0版	CMS-047-V01	通过在商业货运车辆上安装数字式转速记录器提高能效	小型项目	2014年1月23日	第三批
162	AMS-III.C	13.0版	CMS-048-V01	通过电动和混合动力汽车实现减排	小型项目	2014年1月23日	第三批
163	AMS-III.J	3.0版	CMS-049-V01	避免工业过程使用通过化石燃料燃烧生产的CO_2作为原材料	小型项目	2014年1月23日	第三批
164	AMS-III.K	5.0版	CMS-050-V01	焦炭生产由开放式转换为机械化，避免生产中的甲烷排放	小型项目	2014年1月23日	第三批
165	AMS-III.N	3.0版	CMS-051-V01	聚氨酯硬泡生产中避免HFC排放	小型项目	2014年1月23日	第三批
166	AMS-III.P	1.0版	CMS-052-V01	冶炼设施中废气的回收和利用	小型项目	2014年1月23日	第三批

续表

序号	CDM方法学编号	翻译版本号	CCER方法学编号	CCER方法学名称	类型	发布时间	发布批次
167	AMS-III.S	3.0版	CMS-053-V01	商用车队中引入低排放车辆/技术	小型项目	2014年1月23日	第三批
168	AMS-III.T	2.0版	CMS-054-V01	植物油的生产及在交通运输中的使用	小型项目	2014年1月23日	第三批
169	AMS-III.U	1.0版	CMS-055-V01	大运量快速交通系统中使用缆车	小型项目	2014年1月23日	第三批
170	AMS-III.W	2.0版	CMS-056-V01	非烃采矿活动中甲烷的捕获和销毁	小型项目	2014年1月23日	第三批
171	AMS-III.X	2.0版	CMS-057-V01	家庭冰箱的能效提高及HFC-134a回收	小型项目	2014年1月23日	第三批
172	AMS-I.A.	15.0版	CMS-058-V01	用户自行发电类项目	小型项目	2014年1月23日	第三批
173	AMS-III.AC.	1.0版	CMS-059-V01	使用燃料电池进行发电或产热	小型项目	2014年1月23日	第三批
174	AMS-III.AH.	1.0版	CMS-060-V01	从高碳燃料组合转向低碳燃料组合	小型项目	2014年1月23日	第三批
175	AMS-III.AJ.	3.0版	CMS-061-V01	从固体废物中回收材料及循环利用	小型项目	2014年1月23日	第三批
176	AMS-I.E	4.0版	CMS-062-V01	用户热利用中替换非可再生的生物质	小型项目	2014年1月23日	第三批

续表

序号	CDM方法学编号	翻译版本号	CCER方法学编号	CCER方法学名称	类型	发布时间	发布批次
177	AMS-I.I	4.0版	CMS-063-V01	家庭/小型用户应用沼气/生物质产热	小型项目	2014年1月23日	第三批
178	AMS-II.C	13.0版	CMS-064-V01	针对特定技术的需求侧能源效率提高	小型项目	2014年1月23日	第三批
179	AMS-III.V.	1.0版	CMS-065-V01	钢厂安装粉尘/废渣回收系统，减少高炉中焦炭的消耗	小型项目	2014年1月23日	第三批
180	AMS-III.A.	2.0版	CMS-066-V01	现有农田酸性土壤中通过大豆—草的循环种植中通过接种菌的使用减少合成氮肥的使用	小型项目	2014年1月23日	第三批
181	AMS-III.AD.	1.0版	CMS-067-V01	水硬性石灰生产中的减排	小型项目	2014年1月23日	第三批
182	AMS-III.AF	1.0版	CMS-068-V01	通过挖掘并堆肥部分腐烂的城市固体垃圾（MSW）避免甲烷的排放	小型项目	2014年1月23日	第三批
183	AMS-III.AS	1.0版	CMS-069-V01	在现有生产设施中从化石燃料到生物质的转换	小型项目	2014年1月23日	第三批
184	AMS-III.AW	1.0版	CMS-070-V01	通过电网扩张向农村社区供电	小型项目	2014年1月23日	第三批

续表

序号	CDM方法学编号	翻译版本号	CCER方法学编号	CCER方法学名称	类型	发布时间	发布批次
185	AMS–III.AX	1.0版	CMS–071–V01	在固体废弃物处置场建设甲烷氧化层	小型项目	2014年1月23日	第三批
186	AMS–III.B.	16.0版	CMS–072–V01	化石燃料转换	小型项目	2014年1月23日	第三批
187	AMS – III. BA	1.0版	CMS–073–V01	电子垃圾回收与再利用	小型项目	2014年1月23日	第三批
188	AMS–III.Y.	3.0版	CMS–074–V01	从污水或粪便处理系统中分离固体避免甲烷排放	小型项目	2014年1月23日	第三批
189	AMS–III.F.	11.0版	CMS–075–V01	通过堆肥避免甲烷排放	小型项目	2014年1月23日	第三批
190	AMS–III.H.	16.0版	CMS–076–V01	废水处理中的甲烷回收	小型项目	2014年1月23日	第三批
191	AMS–III.I.	8.0版	CMS–077–V01	废水处理过程通过使用有氧系统替代厌氧系统避免甲烷的产生	小型项目	2014年1月23日	第三批
192	AMS–III.O.	1.0版	CMS–078–V01	使用从沼气中提取的甲烷制氢	小型项目	2014年1月23日	第三批
193			CMS–079–V01	配电网中使用无功补偿装置温室气体减排方法学	小型项目	2016年2月25日	第六批
194			CMS–080–V01	在新建或现有可再生能源发电厂新建储能电站	小型项目	2016年2月25日	第六批

续表

序号	CDM方法学编号	翻译版本号	CCER方法学编号	CCER方法学名称	类型	发布时间	发布批次
195			CMS-081-V01	反刍动物减排项目方法学	小型项目	2016年6月2日	第七批
196			CMS-082-V01	畜禽粪便堆肥管理减排项目方法学	小型项目	2016年6月2日	第七批
197			CMS-083-V01	保护性耕作减排增汇项目方法学	小型项目	2016年6月20日	第八批
198			CMS-084-V01	生活垃圾辐射热解处理技术温室气体排放方法学	小型项目	2016年8月26日	第十批
199			CMS-085-V01	转底炉处理冶金固废生产金属化球团技术温室气体减排方法学	小型项目	2016年8月26日	第十批
200			CMS-086-V01	采用能效提高措施降低车船温室气体排放方法学	小型项目	2016年8月26日	第十批

注：CDM即清洁发展机制。方法学统计截至2017年3月CCER相关备案工作暂缓。

附录四　我国地方碳信用机制探索进展情况

序号	地区（碳市场）	碳信用机制	机制详情
1	北京碳市场	林业碳汇	2014年9月1日，北京市发展改革委发布《北京市碳排放权抵销管理办法(试行)》，其中明确了重点排放单位可用于抵销的林业碳汇项目的要求：来自本市辖区内的碳汇造林项目和森林经营碳汇项目；碳汇造林项目用地为2005年2月16日以来的无林地；森林经营碳汇项目于2005年2月16日之后开始实施；项目业主应具备所有地块的土地所有权或使用权的证据，如区(县)人民政府核发的土地权属证书；项目应取得市园林绿化局初审同意的意见
2		机动车停驶自愿减排机制	为鼓励绿色出行，北京市发展改革委联合相关单位自2017年6月起组织开展“我自愿每周再少开一天车”活动，北京市机动车车主自愿停驶机动车（限号当天除外），并将停驶产生的碳减排量进行出售获得相应的收益。2019年3月因碳市场政策调整暂停运行，后于2019年12月恢复运行。到2021年已不再用于碳市场抵销
3		北京低碳出行碳减排	在2020年9月8日举行的“第6届世界大城市交通发展论坛”上，北京市交通委员会、北京市生态环境局联合高德地图、百度地图共同启动“MaaS出行·绿动全城”行动，在全国范围内首次实现了覆盖公交、地铁、自行车、步行全绿色出行方式的低碳出行碳普惠模式
4	天津碳市场	林业碳汇	2022年4月13日，津南区建成天津市首个林业碳汇项目试点区
5	上海碳市场	碳普惠	2022年2月16日，上海市生态环境局就《上海市碳普惠机制建设工作方案》公开征求意见，计划在2022—2023年，形成碳普惠体系顶层设计，构建相关制度标准和方法学体系，搭建碳普惠平台，选取基础好、有代表性的区域及统计基础好、数据可获得性强的项目和场景先行开展试点示范；2024—2025年，逐步扩大碳普惠覆盖区域和项目类型，完善碳普惠平台建设，形成规范、有序的碳普惠运行体系，探索通过商业激励机制，逐步形成规则明确、场景丰富、发展可持续的碳普惠生态圈

续表

序号	地区（碳市场）	碳信用机制	机制详情
6	重庆碳市场	“碳惠通”	2021年9月17日，重庆市生态环境局发布《重庆市“碳惠通”生态产品价值实现平台管理办法（试行）》。“碳惠通”项目包括非水可再生能源、绿色建筑、交通领域的二氧化碳减排，森林碳汇、农林领域的甲烷减少及利用，垃圾填埋处理及污水处理等方式的甲烷利用等项目，以及根据“十四五”重庆市应对气候变化工作实际，市生态环境局允许抵销的其他温室气体减排项目。项目投入运行的时间应于2014年6月19日之后；项目减排量应产生于2016年1月1日之后；并且项目全部减排量原则上均应产生在重庆市行政区域内
7	湖北碳市场	“碳汇+”	2020年11月13日，湖北省生态环境厅、省农业农村厅、省扶贫办、省能源局、省林业局发布《开展“碳汇+”交易助推构建稳定脱贫长效机制试点工作的实施意见》，提出充分发挥湖北省碳市场优势，打造多元化“碳汇+”交易平台，提升生态扶贫质效、巩固脱贫成果的作用。以光伏扶贫碳减排、林业碳汇、湿地碳汇、沼气碳减排为试点交易产品，逐步引入农田碳汇、测土配方减碳、矿产资源绿色开发收益共享等其他“碳汇+”交易内容，探索其他生态保护补偿措施。该机制计划2022年在全省37个扶贫县全面推广
8	广东碳市场	碳普惠	2015年7月，广东省发展改革委印发《广东省碳普惠制试点工作实施方案》，明确要建设全省统一的碳普惠制推广平台，建立基于碳普惠制的省内核证减排量交易及补充机制。2017年4月，广东省发展改革委印发《关于碳普惠制核证减排量管理的暂行办法》，明确省级碳普惠核证减排量（即PHCER）作为广东碳排放权交易市场的有效补充机制，可用于抵销纳入碳市场范围控排企业的实际碳排放。2018年8月至2019年5月，为进一步深化碳普惠制试点工作的思路及完善PHCER管理制度，广东省暂缓PHCER备案。在多年经验基础上，为充分调动全社会节能降碳的积极性、深化完善广东省碳普惠自愿减排机制，广东省生态环境厅于2022年4月6日发布《广东省碳普惠交易管理办法》（有效期至2027年5月6日）

续表

序号	地区（碳市场）	碳信用机制	机制详情
9	深圳碳市场	碳普惠	2021年11月13日，深圳市人民政府办公厅发布《深圳碳普惠体系建设工作方案》，计划2021年，形成碳普惠体系顶层设计，构建相关制度标准和方法学体系，完善碳普惠核证减排量交易机制，建立碳普惠商业激励机制；2022年，搭建碳普惠统一平台，逐步实现碳积分、碳普惠减排量与碳交易市场的联通、兑换和交易，初步建立制度健全、管理规范、运作良好的碳普惠运营机制；2023年，完善碳普惠体系，基本形成规则流程清晰、应用场景丰富、系统平台完善和商业模式可持续的碳普惠生态。2021年12月18日，由市生态环境局、腾讯公司和排交所联合打造的“低碳星球”上线，是一个集出行服务与互动娱乐为一体的交通领域综合平台，可使用户通过腾讯乘车码参与低碳公共出行行为，核算二氧化碳减排量、积累碳积分。下一步，深圳市生态环境局还将印发实施《深圳市碳普惠管理办法》
10	福建碳市场	林业碳汇	2017年5月17日，福建省人民政府办公厅发布《福建省林业碳汇交易试点方案》，具体包括碳汇造林项目试点、森林经营碳汇项目试点、竹林经营碳汇项目试点。“十三五”期间，全省力争实施林业碳汇林面积200万亩，年新增碳汇量100万吨以上
11		海洋碳汇	厦门产权交易中心（厦门市碳和排污权交易中心）建成了全国首个海洋碳汇交易服务平台，并于2021年9月14日完成了全国首宗海洋碳汇交易——泉州洛阳江红树林生态修复项目2000吨海洋碳汇交易。2022年1月1日，完成连江县15000吨海水养殖渔业海洋碳汇交易项目，成交额12万元
12	河北（非试点碳市场）	降碳产品价值实现机制	2021年9月20日印发《建立降碳产品价值实现机制的实施方案（试行）》，率先在承德等林业资源富集地区和钢铁、焦化等行业开展试点，引导钢铁、焦化等行业购买降碳产品，实现降碳产品生态价值，助力塞罕坝二次创业；2023年年底，将降碳产品开发由固碳产品扩大到可再生能源、近零能耗建筑、碳普惠等，将降碳产品价值实现机制推广到其他“两高”行业，稳步扩大价值实现规模

续表

序号	地区（碳市场）	碳信用机制	机制详情
13	江西（非试点碳市场）	林业碳汇	2021年10月22日，江西省发展改革委就《江西省林业碳汇交易规则（试行）（征求意见稿）》公开征求意见
14	四川成都（非试点碳市场）	“碳惠天府”机制	2020年3月27日，成都市人民政府发布《关于构建“碳惠天府”机制的实施意见》，提出2020年，形成“碳惠天府”顶层设计，制定相关制度标准体系，建设软硬件设施，开发公众低碳场景和碳减排项目；2021年，初步建立政府引导、市场运作的运营机制；2022年，基本形成应用场景丰富、系统平台完善、规则流程明晰、商业模式成熟的碳普惠生态圈。2020年10月23日，成都市生态环境局发布《成都市“碳惠天府”机制管理办法（试行）》，规范“碳惠天府”机制的建设和运行
15	浙江乐清（非试点碳市场）	碳普惠	2021年8月27日，乐清市财政局、温州市生态环境局乐清分局、乐清市发展和改革局、乐清市经济和信息化局联合发布《乐清市建设碳普惠机制实施方案（试行）》。计划2021年下半年，形成乐清市碳普惠机制顶层设计，制定相关制度标准体系，建设软硬件设施，开发项目类碳普惠减排场景，连通乐清市自愿碳市场，并完成首批交易。2022年，开发公众类碳普惠减排场景，初步建立政府引导，制度健全、管理规范、运作良好的碳普惠机制。2023年，基本形成应用场景丰富，系统平台完善，规则流程明晰、商业模式成熟的碳普惠生态圈，为全国低碳发展和自愿减排交易工作提供有益经验
16	贵州毕节（非试点碳市场）	碳票	2022年2月11日，毕节市林业局印发实施《毕节市林业碳票管理办法（试行）》。林业碳票是毕节市行政区域内权属清晰的林地、林木，依据《毕节市林业碳票碳减排量计量方法（试行）》，经第三方机构监测核算、专家审查、市级林业主管部门审定、市级生态环境主管部门备案签发的碳减排量而制发的具有收益权的凭证，赋予交易、质押、抵销等权能，单位为吨二氧化碳当量。由毕节市级林业主管部门建立林业碳票信息发布平台，建立碳票交易机构或依托现有交易平台进行交易，交易平台参照当期市场的价格，合理制定碳票交易价格

缩略词

AAUs：Assigned Amount Units 分配数量单位

ACCUs：Australia Carbon Credit Units 澳大利亚碳信用单位

ACR：American Carbon Registry 美国碳注册登记处

AEOs：Alberta Emissions Offsets 阿尔伯塔排放抵销

ARBOCs：California Air Resource Board Offset Credits 加州空气资源委员会抵销信用

ART：Architecture for REDD+ Transactions REDD+交易机构

BaC：Baseline-and-Credit 基准线与信用交易型

BaO：Baseline-and-Offset 基准线与抵销型

BCA：Border Carbon Adjustment 边境碳调节

BCOUs：British Columbia Offset Units 英属哥伦比亚省抵销单位

BEA：Beijing Emission Allowance 北京碳排放配额

BFCERs：Beijing Forestry Certified Emission Reductions 北京林业碳汇核证减排量

CAR：Climate Action Reserve 气候行动储备方案

CaT：Cap-and-Trade 总量控制与排放交易型

CBAM：Carbon Border Adjustment Mechanism 碳边境调节机制

CCB：Climate, Community & Biodiversity 气候、社区和生物多样性

CCERs：Chinese Certified Emission Reductions 中国国家核证自愿减排量

CCOP：California Compliance Offsets Program 加州碳市场履约抵销计划

CCQI：Carbon Credit Quality Initiative 碳信用质量倡议

CCUS：Carbon Capture, Utilization and Storage 碳捕集、利用与封存

CDCERs：ChengDu Certified Emission Reductions 成都市碳减排量

CDM：Clean Development Mechanism 清洁发展机制

CEA：Chinese Emission Allowance 中国碳排放配额

CEMS：Continuous Emission Monitoring System 烟气连续排放监测系统

CERs：Certified Emission Reductions 核证减排量

CO_2e：CO_2 equivalent 二氧化碳当量

COP：Conference of the Parties 缔约方大会（在本书中特指《联合国气候变化框架公约》的缔约方大会）

CORSIA：Carbon Offsetting and Reduction Scheme for International Aviation 国际航空碳抵销和减排计划

CPLC：Carbon Pricing Leadership Coalition 碳定价领导联盟

CQCERS：ChongQing Certified Emission Reductions 重庆“碳惠通”项目自愿减排量

CQEA：ChongQing Emission Allowance 重庆碳排放配额

CRTs：Climate Reserve Tonnes 气候储备单位

EB：Executive Board 执行理事会（在本书中特指清洁发展机制的执行理事会）

ECIU：Energy & Climate Intelligence Unit 能源与气候智库

ECR：Emissions Containment Reserve 排放控制储备机制

EDF：Environmental Defense Fund 美国环保协会

EEA：European Economic Area 欧洲经济区

ERF：Emissions Reduction Fund 减排基金

ERUs：Emission Reduction Units 减排单位

ET：Emissions Trading 排放贸易

ETS：Emissions Trading System 碳排放交易体系

EU：European Union 欧洲联盟，简称欧盟

EUAs：EU Allowances 欧盟碳配额单位

FACs：Forest Absorption Credits 森林吸收信用

FFCERs：Fujian Forestry Certified Emission Reductions 福建省林业碳汇

FJEA：FuJian Emission Allowance 福建碳排放配额

GCC：Global Carbon Council 国际碳理事会

GDEA：GuangDong Emission Allowance 广东碳排放配额

GDP：Gross Domestic Product 国内生产总值

GGIRCA：Greenhouse Gas Industrial Reporting and Control Act 温室气体工业报告和控制法案

GS：Gold Standard 黄金标准

HBEA：HuBei Emission Allowance 湖北碳排放配额

ICAO：International Civil Aviation Organization 国际民航组织

ICAP：International Carbon Action Partnership 国际碳行动伙伴组织

ICE：Intercontinental Exchange, Inc. 洲际交易所

ICROA：International Carbon Reduction & Offset Alliance 国际碳减排与抵销联盟

IEA：International Energy Agency 国际能源署

IETA：International Emissions Trading Association 国际排放交易协会

iGDP：innovative Green Development Program 绿色创新发展中心

IMO：International Maritime Organization 国际海事组织

IPCC：Intergovernmental Panel on Climate Change 政府间气候变化专门委员会

ITMOs：Internationally Transferred Mitigation Outcomes 国际转让的减缓成果

JCM：Joint Crediting Mechanism 联合信用机制

JI：Joint Implementation 联合履约

KOCs：Korean Offset Credits 韩国抵销信用

lCERs：long-term Certified Emission Reductions 长期核证减排量

LULUCF：Land Use, Land Use Change and Forestry 土地利用、土地利用变化与林业

MRV：Monitoring, Reporting, Verification 监测、报告、核查

MSR：Market Stability Reserve 市场稳定储备机制

NAPs：National Allocation Plans 国家分配计划

NDCs：Nationally Determined Contributions 国家自主贡献

NGO：Non-Governmental Organization 非政府组织

OBPS：Output-Based Pricing System 基于产出的碳定价体系

OMGE：Overall Mitigation in Global Emissions 全球排放的全面减缓

OPR：Offset Project Registry 碳抵销项目登记处

PHCERs：Pu Hui Certified Emissions Reductions 广东碳普惠核证减排量

PMR：Partnership for Market Readiness 市场准备伙伴计划

PSS：Performance Standards System 绩效标准体系

QOCs：Québec Offset Credits 魁北克省抵销信用

REDD+：Reducing Emissions from Deforestation and Forest Degradation in Developing Countries 减少发展中国家毁林和森林退化所致排放量

RGGI：Regional Greenhouse Gas Initiative 区域温室气体倡议

SHEA：ShangHai Emission Allowance 上海碳排放配额

SHEAF：ShangHai Emission Allowance Forward 上海碳配额远期

SZEA：ShenZhen Emission Allowance 深圳碳排放配额

tCERs：temporary Certified Emission Reductions 临时核证减排量

TIER：Technology Innovation and Emissions Reduction 技术创新与减排

TJEA：TianJin Emission Allowance 天津碳排放配额

TSVCM：Taskforce for Scaling the Voluntary Carbon Markets 自愿碳减排市场规模化工作组

TVERs：Thailand Voluntary Emission Reductions 泰国自愿减排量

UKA：UK Allowance 英国碳配额

UNCTAD：United Nations Conference on Trade and Development 联合国贸易和发展会议

UNEP：United Nations Environment Programme 联合国环境规划署

UNFCCC：United Nations Framework Convention on Climate Change《联合国气候变化框架公约》

VCM：Voluntary Carbon Market 自愿碳市场

VCS：Verified Carbon Standard 核证碳减排标准

VCUs：Verified Carbon Units 自愿核证碳减排单位

VERs：Verified Emission Reductions 自愿核证减排量

WCI：Western Climate Initiative 西部气候倡议

WMO：World Meteorological Organization 世界气象组织

WTO：World Trade Organization 世界贸易组织

WWF：World Wide Fund for Nature or World Wildlife Fund 世界自然基金会

参考文献

[1] Belinda Kinkead. Harnessing market mechanisms to promote sustainable development: Lessons from China[OL]. (2012-09-20). https://cdkn.org/resource/cdkn-inside-storyharnessing-market-mechanisms-to-promote-sustainable-development-lessons-fromchina?loclang=en_gb.

[2] Carbon Market Institute. COP26 Key Takeaways Article 6 Explainer[OL]. (2021-11-18). https://carbonmarketinstitute.org/app/uploads/2021/11/COP26-Glasgow-Article-6-Explainer.pdf.

[3] Edie Newsroom. UK decides against intervening with Emissions Trading Scheme, despite record-high carbon prices[OL]. (2022-01-19). https://www.edie.net/uk-decides-againstintervening-with-emissions-trading-scheme-despite-record-high-carbon-prices/.

[4] European Commission. COM（2020）740- Report on the functioning of the European carbon market[EB/OL]. (2020-11-18). https://eur-lex.europa.eu/legal-content/EN/TXT/?uri=CELEX%3A52020DC0740&qid=1649517490257.

[5] European Commission. COP26: EU helps deliver outcome to keep the Paris Agreement targets alive[OL]. (2021-11-13). https://ec.europa.eu/commission/presscorner/detail/en/ip_21_6021.

[6] European Commission. European Green Deal: Commission proposes transformation of EU economy and society to meet climate ambitions[OL]. (2021-7-14). https://ec.europa.eu/commission/presscorner/detail/en/ip_21_3541.

[7] European Council. Council agrees on the Carbon Border Adjustment Mechanism (CBAM) [OL]. (2022-03-15). https://www.consilium.europa.eu/en/press/press-releases/2022/03/15/carbon-border-adjustment-mechanism-cbam-council-agrees-its-negotiating-mandate/.

[8] European Council. European Green Deal[OL]. (2022-04-20).https://www.consilium.europa.

eu/en/policies/green-deal/.

[9] Forest Trends' Ecosystem Marketplace. 'Market in Motion', State of Voluntary Carbon Markets 2021, Installment 1[R]. Washington DC: Forest Trends Association, 2021.

[10] Forest Trends' Ecosystem Marketplace. Voluntary Carbon Markets Top $1 Billion in 2021 with Newly Reported Trades, a Special Ecosystem Marketplace COP26 Bulletin[OL]. (2021-11-10). https://www.ecosystemmarketplace.com/articles/voluntary-carbon-markets-top-1-billion-in-2021-with-newly-reported-trades-special-ecosystem-marketplace-cop26-bulletin/.

[11] ICAP. Emissions Trading Worldwide: Status Report 2021[R]. Berlin: International Carbon Action Partnership, 2021.

[12] ICAP. Emissions Trading Worldwide: Status Report 2022[R]. Berlin: International Carbon Action Partnership, 2022.

[13] IEA. China's Emissions Trading Scheme Designing efficient allowance allocation[R]. Paris: International Energy Agency Secretariat, 2020.

[14] IETA. 2020 Greenhouse Gas Market Report[R]. Geneve: IETA, 2020.

[15] IETA. The Potential Role of Article 6 Compatible Carbon Markets in Reaching Net-Zero[R]. Maryland: International Emissions Trading Association (IETA) and the University of Maryland, 2021.

[16] Refinitiv. Carbon Market Year in Review 2018[R]. Oslo: Refinitiv Carbon Team, 2019.

[17] Refinitiv. Carbon Market Year in Review 2019[R]. Oslo: Refinitiv Carbon Team, 2020.

[18] Refinitiv. Carbon Market Year in Review 2020[R]. Oslo: Refinitiv Carbon Team, 2021.

[19] Refinitiv. Carbon Market Year in Review 2021[R]. Oslo: Refinitiv Carbon Team, 2022.

[20] Slater H., De Boer, D., 钱国强, 等. 2019年中国碳价调查[R]. 北京：中国碳论坛, 2019.

[21] Slater H., De Boer, D., 钱国强, 等. 2020年中国碳价调查[R]. 北京：中国碳论坛, 2020.

[22] Slater H., De Boer, D., 钱国强, 等. 2021年中国碳价调查[R]. 北京：ICF国际咨询公司, 2021.

[23] UNCTAD. A European Union Carbon Border Adjustment Mechanism: Implications for developing countries[R/OL]. (2012-07-14). https://unctad.org/webflyer/european-unioncarbon-border-adjustment-mechanism-implications-developing-countries.

[24] UNFCCC. China's Mid-Century Long-Term Low Greenhouse Gas Emission Development Strategy[EB/OL]. (2021-10-28). https://unfccc.int/sites/default/files/resource/LTS1_China_CH.pdf.

[25] UNFCCC. What is the Kyoto Protocol?[OL]. [2022-03-31]. https://unfccc.int/kyoto_protocol.

[26] UNFCCC. What is the Paris Agreement?[OL]. [2022-03-31]. https://newsroom.unfccc.int/process-and-meetings/the-paris-agreement/the-paris-agreement.

[27] UNFCCC. What is the United Nations Framework Convention on Climate Change?[OL]. [2022-03-31]. https://newsroom.unfccc.int/process-and-meetings/the-convention/what-is-the-united-nations-framework-convention-on-climate-change.

[28] World Bank. State and Trends of Carbon Pricing 2020[R]. Washington DC: World Bank, 2020.

[29] World Bank. State and Trends of Carbon Pricing 2021[R]. Washington DC: World Bank, 2021.

[30] World Bank. State and Trends of Carbon Pricing 2022[R]. Washington DC: World Bank, 2022.

[31] 陈美安, 谭秀杰. 碳边境调节机制: 进展与前瞻[R]. 北京: 绿色创新发展中心, 2021.

[32] 陈志斌, 孙峥. 中国碳排放权交易市场发展历程——从试点到全国[J]. 环境与可持续发展, 2021, 46（02）:28-36.

[33] 戴彦德, 康艳兵, 熊小平, 等. 碳交易制度研究[M]. 北京：中国发展出版社, 2014.

[34] 邓茗文. 碳金融：激活碳市场金融属性 优化碳资产配置[J]. 可持续发展经济导刊, 2021（04）:21-23.

[35] 广州碳排放交易所. 【CBAM解读】系列之二 CBAM对欧盟的影响[OL].（2021-07-

30）. http://www.cnemission.com/article/jydt/scyj/202107/20210700002253.shtml.

[36] 广州碳排放交易所.【CBAM解读】系列之三 CBAM的国际影响[OL].（2021-08-10）. http://www.cnemission.com/article/jydt/scyj/202108/20210800002262.shtml.

[37] 广州碳排放交易所.【CBAM解读】系列之四 CBAM对中国的影响[OL].（2021-08-25）. http://www.cnemission.com/article/jydt/scyj/202108/20210800002268.shtml.

[38] 广州碳排放交易所. 广东碳市场2018履约年度交易数据报告[R/OL].（2019-07-23）. http://www.cnemission.com/article/jydt/scyj/201907/20190700001702.shtml.

[39] 广州碳排放交易所. 广东碳市场2019履约年度交易数据报告[R/OL].（2020-12-31）. http://www.cnemission.com/article/jydt/scyj/202012/20201200002056.shtml.

[40] 郭日生, 彭斯震, 等. 碳市场[M]. 北京：科学出版社, 2010.

[41] 国家发展改革委. 碳达峰碳中和工作领导小组办公室召开严厉打击碳排放数据造假电视电话会议[OL].（2022-04-08）. https://mp.weixin.qq.com/s/6l1_v4Kh09xuSL1bbCoPdw.

[42] 国务院新闻办公室.《中国应对气候变化的政策与行动》白皮书[EB/OL].（2021-10-27）. http://www.scio.gov.cn/zfbps/32832/Document/1715491/1715491.htm.

[43] 经济学家圈. 梅德文：碳中和或相当于改革开放2.0 碳市场为中国百万亿碳中和投资保驾护航[OL].（2021-08-18）. https://huanbao.bjx.com.cn/news/20210818/1170689.shtml.

[44] 荆克迪. 中国碳交易市场的机制设计与国际比较研究[D]. 天津：南开大学, 2014.

[45] 壳牌. 中国能源体系2060碳中和报告[R/OL].（2022-01-17）. https://www.shell.com.cn/zh_cn/energy-and-innovation/achieving-a-carbon-neutral-energy-system-in-china.html.

[46] 李建涛, 姚鸿韦, 梅德文. 碳中和目标下我国碳市场定价机制研究[J]. 环境保护, 2021, 49（14）：24-29.

[47] 李俊峰, 张昕. 全国碳市场建设有七大当务之急[OL].（2021-01-14）. https://mp.weixin.qq.com/s/NA9Yt0Y1X8tqhlxL5TNM1g.

[48] 洛卡.《京都议定书》第一承诺期到期2012年以后CDM将何去何从[OL].（2012-07-16）. http://www.tanpaifang.com CDMxiangmu/2012/0716/4281.html.

[49] 吕学都, 刘德顺, 等. 清洁发展机制在中国[M]. 北京：清华大学出版社, 2004.

[50] 绿金委碳金融工作组. 中国碳金融市场研究[R]. 北京：绿金委碳金融, 2016.

[51] 梅德文. 当前碳价难有效促进节能减排技术突破和创新[EB/OL]. 每日经济新闻, 2021. http://www.nbd.com.cn/rss/zaker/articles/1822785.html.

[52] 每日经济新闻. 专访上海市节能减排中心齐康：碳市场开启助力碳达峰目标实现 前期或卖盘偏少, 价格趋于上涨[OL].（2021-06-28）. https://finance.ifeng.com/c/87RSE6g8dEE.

[53] 美国环保协会, 中创碳投. 中国温室气体自愿减排交易现状分析报告[R]. 北京：美国环保协会, 2020.

[54] 美国环保协会. 国际航空碳市场启动在即, CCER项目体系亟须“破茧重生”[OL].（2020-03-17）. https://mp.weixin.qq.com/s/8LlG_7pdyNhaDjpbQVyjaQ.

[55] 聂力. 我国碳排放权交易博弈分析[D]. 北京：首都经济贸易大学, 2013.

[56] 宁金彪, 等. 中国碳市场报告（2014）[M]. 北京：社会科学文献出版社, 2014.

[57] 秦炎. 欧洲碳市场推动电力减排的作用机制分析[J]. 全球能源互联网, 2021, 4（1）：37-45.

[58] 全联环境商会. 张希良：碳中和与碳市场相关问题[OL].（2021-10-18）. https://mp.weixin.qq.com/s/CR1FyCaOAof2_sc9TijRpQ.

[59] 瑞银. 中国碳交易: 5000亿元的市场迅速崛起-瑞银Q-Series Redux[OL].（2022-01-06）. https://mp.weixin.qq.com/s/K5heeqNSj9PURtiAcjtzCw.

[60] 山东省人民政府. 介绍山东关于全国碳排放权交易市场第一个履约周期的碳排放配额清缴工作完成情况[EB/OL].（2022-01-18）. http://www.shandong.gov.cn/vipchat1//home/site/82/3621/article.html.

[61] 上海环境能源交易所. 上海碳市场报告2018 [R/OL].（2019-07-02）. https://www.cneeex.com/upload/resources/file/2019/07/02/26101.pdf.

[62] 上海环境能源交易所. 上海碳市场报告2019 [R/OL].（2020-07-23）. https://www.cneeex.com/upload/resources/file/2020/07/23/26361.pdf.

[63] 上海环境能源交易所. 上海碳市场报告2020 [R/OL].（2021-05-18）. https://www.cneeex.com/upload/resources/file/2021/05/18/27056.pdf.

[64] 上海环境能源交易所. 上海碳市场报告2021 [R/OL].（2022-04-29）. https://www.cneeex.com/upload/resources/file/2022/04/29/28212.pdf.

[65] 生态环境部. 国务院政策例行吹风会：启动全国碳排放权交易市场上线交易有关情况[EB/OL].（2021-07-14）. http://www.mee.gov.cn/ywdt/xwfb/202107/t20210714_846936.shtml.

[66] 生态环境部. 生态环境部9月例行新闻发布会实录[EB/OL].（2020-09-25）. https://www.mee.gov.cn/xxgk2018/xxgk/xxgk15/202009/t20200925_800543.html.

[67] 生态环境部. 生态环境部举办碳排放权交易管理政策吹风会[EB/OL].（2021-01-05）. http://www.mee.gov.cn/ywdt/hjywnews/202101/t20210105_816140.shtml.

[68] 生态环境部. 生态环境部召开3月例行新闻发布会[EB/OL].（2022-03-30）. https://www.mee.gov.cn/ywdt/zbft/202203/t20220330_973154.shtml.

[69] 生态环境部. 生态环境部召开5月例行新闻发布会[EB/OL].（2022-05-26）. https://www.mee.gov.cn/ywdt/zbft/202205/t20220526_983531.shtml.

[70] 生态环境部. 生态环境部召开7月例行新闻发布会[EB/OL].（2021-07-26）. http://www.mee.gov.cn/ywdt/zbft/202107/t20210726_851421.shtml.

[71] 生态环境部. 中国应对气候变化的政策与行动2020年度报告[EB/OL].（2021-07-13）. http://www.mee.gov.cn/ywgz/ydqhbh/syqhbh/202107/t20210713_846491.shtml.

[72] 市场准备伙伴计划（PMR），国际碳行动伙伴组织（ICAP）. 碳排放交易实践手册：碳市场的设计与实施[R]. 华盛顿：国际复兴开发银行/世界银行, 2016.

[73] 田翠香, 徐畅. 我国碳交易试点的成效分析与政策建议[J]. 北方工业大学学报, 2019, 31（1）：7-14.

[74] 王素凤. 中国碳排放权初始分配与减排机制研究[D]. 合肥：合肥工业大学, 2014.

[75] 王毅刚, 葛兴安, 邵诗洋, 等. 碳排放交易制度的中国道路:国际实践与中国应用[M]. 北

京：经济管理出版社, 2011.

[76] 潇湘晨报. 上海环境能源交易所董事长赖晓明：加快推进非履约企业入市[OL].（2021-11-01）. https://baijiahao.baidu.com/s?id=1715186294788848467&wfr=spider&for=pc.

[77] 徐沛宇. 全国碳市场成败的关键之年[OL].（2022-01-11）. https://mp.weixin.qq.com/s/oKlabEOUIm0yTJ6bTI6vTg.

[78] 张希良. 2060年碳中和目标下的低碳能源转型情景分析[OL].（2020-11-29）. https://www.sxfxer.com/info/news.php?id=864.

[79] 张昕. 在碳市场建设中更好发挥政府作用[OL].（2015-08-09）. http://www.21jingji.com/2015/8-9/1NMDAxMzlfMTM4MTQ1NA.html.

[80] 郑爽, 刘海燕, 张敏思, 等. 全国七省市碳交易试点调查与研究[M]. 北京：中国经济出版社, 2014.

[81] 中国环境报. 生态环境部应对气候变化司司长李高：推进“1+N”政策体系落实, 形成减污降碳激励约束机制[OL].（2022-03-28）. https://www.cenews.com.cn/news.html?aid=963819.

[82] 中华人民共和国驻法兰西共和国大使馆. 欧盟公布“Fit for 55”方案[OL].（2021-07-20）. https://www.mfa.gov.cn/ce/cefr/chn/ljfg/t1893745.htm.